Brigitte Wessenberg
Daniel Thurner

Kompetenz: Mathematik

Vorbereitung auf die Reife- und Diplomprüfung für Höhere Lehranstalten für Humanberufe

Lösungen

Verlag Hölder-Pichler-Tempsky GmbH
www.hpt.at

Dieses Lösungsheft enthält die Lösungen zu den Aufgaben in folgendem Schulbuch:

Schulbuch Nr. 170539 „Kompetenz: Mathematik. Vorbereitung auf die Reife- und Diplomprüfung für Höhere Lehranstalten für Humanberufe"

Die Autorin und der Autor sowie der Verlag bitten, alle Anregungen und Vorschläge, die dieses Lösungsheft betreffen, an folgende Adresse zu senden:

Verlag Hölder–Pichler–Tempsky GmbH, Lektorat
1090 Wien, Frankgasse 4
E-mail: service@hpt.at

Kopierverbot

Wir weisen darauf hin, dass das Kopieren zum Schulgebrauch aus diesem Buch verboten ist. § 42 Absatz 6 Urheberrechtsgesetz: „... Die Befugnis zur Vervielfältigung zum eigenen Schulgebrauch gilt nicht für Werke, die ihrer Beschaffenheit und Bezeichnung nach zum Schul- oder Unterrichtsgebrauch bestimmt sind."

2. Auflage 2015 (2,00)

Coverbild: Fotolia.com, © Kurt Kleemann
Technische Zeichnungen: Herbert Löffler
Satz: Peter Barosch KG, 1220 Wien
Druck und Bindung: Brüder Glöckler GmbH, 2752 Wöllersdorf

ISBN 978-3-230-03878-4

Gleichungen und Matrizen

1

1.A1 ***a)*** x ... Preis von A pro ME, y ... Preis von B pro ME

I: $2x + 5y = 668$

II: $x + 8y = 708$ **1×A**

b) I: $x + 2y = 400$

II: $5x + 6y = 1\,400$ **1×B**

Lösung zB mit TE: $x = 100$, $y = 150$

Sehr gut eignet sich hier das Einsetzungsverfahren, weil man das x in I leicht freistellen kann: $x = 400 - 2y$ **1×D**

Diesen Term kann man in II einsetzen und y berechnen.

Mit Einsetzen der Lösung für y erhält man x.

Im ersten Geschäft verkauft man 1 ME Hüte des Modells C und 2 ME Hüte des Modells D. **1×C**
Man nimmt insgesamt 400 GE ein.

Im 2. Geschäft verkauft man 5 ME des Modells C und 6 ME des Modells D bei Gesamteinnahmen von 1 400 GE. Modell C kostet 100 GE, Modell D 150 GE.

c) $\begin{pmatrix} 3 & 6 \\ 3 & 8 \end{pmatrix} \cdot \begin{pmatrix} x \\ y \end{pmatrix} = \begin{pmatrix} 900 \\ 1\,036 \end{pmatrix} \Rightarrow \begin{pmatrix} x \\ y \end{pmatrix} = \begin{pmatrix} 3 & 6 \\ 3 & 8 \end{pmatrix}^{-1} \cdot \begin{pmatrix} 900 \\ 1\,036 \end{pmatrix}$ **1×A**

Ein weiterer Lösungsweg ist die Matrizenmultiplikation, die zu folgendem Gleichungssystem führt:

I: $3x + 6y = 900$

II: $3x + 8y = 1\,036$

Lösung: $x = 164$; $y = 68$

Das Modell E wird um 164 GE und das Modell F um 68 GE verkauft. **1×B**

1.A2 ***a)***

	1. Sorte	2. Sorte	3. Sorte	Mischung
Menge der Pralinen	x	y	z	$x + y + z$
Preis in €/kg	20	14	8	15,5

I: $x + y + z = 1$

II: $20x + 14y + 8z = 15{,}5$

III: $x = 2z$ **1×A**

b) Die erste Gleichung sagt aus, dass die gesamte Menge beider Sorten zusammen 1 Kilogramm ausmachen.

Der Preis pro Kilogramm der 1. Sorte beträgt 20 €, der der 2. Sorte 14 €. Die Mischung kostet 18 €/kg.

(Die Gleichung wurde nicht gekürzt, daher ist diese Aussage ablesbar. Dass es sich bei der 2. Gleichung um die Preise handelt, kannst du aus der Angabe im Kopf der Aufgabe entnehmen.) **2×C**

Lösung mithilfe von Technologieeinsatz: $x = \frac{2}{3}$ kg, $y = \frac{1}{3}$ kg **1×B**

c) $M = \begin{pmatrix} 0{,}1 & 0{,}6 \\ 0{,}5 & 0{,}2 \end{pmatrix}$ **1×A**

Die Preise der Packung werden um 30 % ermäßigt.

Um die nicht ermäßigten Preise der einzelnen Sorten A und B zu erhalten, löse das Gleichungssystem:

I: $0{,}1x + 0{,}6y = 0{,}7 \cdot 13$ **1×B**

II: $0{,}5x + 0{,}2y = 0{,}7 \cdot 15$

Das ergibt den Preisvektor $\begin{pmatrix} 16 \\ 12{,}5 \end{pmatrix}$.

Der Vektor, der um 30 % verminderten Preise pro kg der Sorten A und B lautet:

$P = 0{,}7 \cdot \begin{pmatrix} 16 \\ 12{,}5 \end{pmatrix} = \begin{pmatrix} 11{,}2 \\ 8{,}75 \end{pmatrix}$ **1×A**

Die Matrix wird mit einer Zahl multipliziert, indem alle Zahlen der Matrix mit dieser Zahl multipliziert werden. **1×B**

2 Matrizen multipliziert man, indem man die Elemente in der Zeile von Matrix 1 mit den entsprechenden Elementen in den Spalten von Matrix 2 multipliziert und die Produkte addiert. **2×D**

Für das Produkt beider Matrizen gilt daher: **1×B**

$M \cdot P = \begin{pmatrix} 0{,}1 & 0{,}6 \\ 0{,}5 & 0{,}2 \end{pmatrix} \cdot \begin{pmatrix} 11{,}2 \\ 8{,}75 \end{pmatrix} = \begin{pmatrix} 6{,}37 \\ 7{,}35 \end{pmatrix}$

Wenn man 0,1 kg der 1. Sorte zu einem ermäßigten Preis von 11,2 €/kg mit 0,6 kg der 2. Sorte zu einem ermäßigten Preis von 8,75 €/kg mischt, so bekommt man eine Packung mit 0,7 kg, die 6,37 € kostet. **2×C**

Mischt man 0,5 kg Pralinen der 1. Sorte und 0,2 kg der 2. Sorte, dann erhält man ebenfalls 0,7 kg zu einem Preis von 7,35 €.

1.A3 ***a)*** I: $0{,}8x + 0{,}56y = 0{,}7 \cdot 600$

II: $x + y = 600$ **1×A**

Lösung mithilfe von Technologieeinsatz: $x = 350\ \ell$, $y = 250\ \ell$ **1×B**

b) $60 \cdot 0{,}7 + 100 \cdot 0{,}56 = x \cdot 160$ **1×A**

Die Mengen der Einzelbestandteile 60 ℓ und 100 ℓ müssen zusammen der Gesamtmenge 160 ℓ entsprechen. **1×D** **1×B**

Der Prozentsatz wird zwischen 70 % und 56 %, (näher bei 56 %) liegen.

c) 1. Fall: Wenn es **keine Zahl** der Definitionsmenge gibt, die die Gleichung erfüllt, so ist die **Lösungsmenge die leere Menge**, es gilt dann $L = \{\ \}$. **1×D**

2. Fall: Wenn **jede Zahl** der Definitionsmenge die Gleichung erfüllt, so ist die **Definitionsmenge gleichzeitig die Lösungsmenge**, es gilt dann $L = D$. **1×D**

Durch Äquivalenzumformungen kann die Gleichung Schritt für Schritt in eine einfache gleichwertige Gleichung umgeformt werden, bis die Unbekannte auf einer Seite isoliert werden kann. **1×D**

d) 60 Liter der 1. Sorte mit x % werden mit 40 Liter der 2. Sorte mit y % gemischt. Man erhält 100 Liter mit 42 % = $0{,}42 \cdot 100$ **1×C**

40 Liter der 1. Sorte werden mit 60 Liter der 2. Sorte gemischt. Man erhält 100 Liter zu 38 % = $100 \cdot 0{,}38$. **1×C**

Lösung mithilfe von Technologieeinsatz: $x = 50$ %, $y = 30$ % **1×B**

1.A4 ***a)***

Stückkosten	Verkaufspreis 1	Verkaufspreis 2	Erlös 1	Erlös 2
x	$x \cdot 1{,}1$	$x \cdot 1{,}1^2$	$110x$	$121x$
y	$y \cdot 1{,}2$	$y \cdot 1{,}2^2$	$120y$	$144y$

1×A

I: $110x + 120y = 34\,000$

II: $121x + 144y = 38\,600$ **1×A**

b) $\begin{pmatrix} 11 & 12 & 3\,400 \\ 144 & 169 & 45\,700 \end{pmatrix}$ bedeutet folgendes Gleichungssystem:

I: $11x + 12y = 3\,400$
II: $144x + 169y = 45\,700$

Lösung mithilfe von Technologieeinsatz: $x = 200$, $y = 100$ **1×B**
Die Stückkosten des 1. Produkts betragen 200 €, jene des 2. Produkts 100 €.
Das bedeutet, dass die Verkaufspreise mit $200 \cdot 1{,}1 = 220$ €, bzw. $100 \cdot 1{,}2 = 120$ € je Stück nach der 1. Kalkulation festgelegt worden sind. **1×C**
Nach der 2. Kalkulation betrugen die Preise $200 \cdot 1{,}44 = 288$ € bzw. $100 \cdot 1{,}69 = 169$ €. **1×C**

c) Es ist das Gleichungssystem oder die Erweiterungsmatrix aufzustellen.
Die Variablen x und y bezeichnen nun die Mengen der einzelnen Produkte, die gelagert sind.
Die Auflösung des Gleichungssystems liefert die gesuchten Mengen. **1×D**
$210x + 105y = 151\,725$ **1×A**
$x + y = 1\,000$. Es sind $x = 445$ Stück und $y = 555$ Stück im Lager. **1×B**

1.A Test

a) B ist richtig. **1×C**
Durch die Subtraktion von $10x$ entsteht die Gleichung $210 = 0$. **1×D**
Dividiert man durch 210, so erhält man $1 = 0$.

b) D ist korrekt. **1×C**
2 ist die Lösung der Gleichung. Es wurde nach der Lösungsmenge gefragt, daher **1×D**
$L = \{2\}$.

c) B hat keine Lösungen, es gibt einen Widerspruch, wenn man die Gleichungen vereinfacht: **1×C**
$x - y = -2$ und $x - y = -1$. **1×D**

d) B ist richtig. **1×C**
x und y ... Zeitbedarf beider PKW bis zum Treffpunkt. **1×A**
Formel: Weg = Geschwindigkeit mal Zeit
Der Zeitunterschied 0,5 h und die Wege bis zum Treffpunkt werden zusammengesetzt. **1×D**

e)

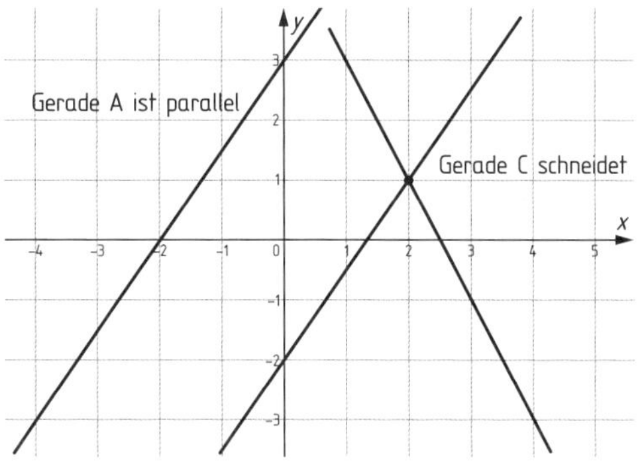

$1 \rightarrow A$ **2×C**
Die parallele Gerade hat $k = 1{,}5$,
dies gilt für **A**. **2×B**
$2 \rightarrow C$
Für die Gerade durch den Punkt $(2|1)$
muss gelten: **2×D**
$2k + d = 1$
Das gilt für **C** ($k = -2$; $d = 5$).

f) $1 \rightarrow D$ und $2 \rightarrow B$ **2×C**
1: $(x^3 + 2x)^2 = (x^3)^2 + 2 \cdot (x^3) \cdot (2x) + (2x)^2$. Die Auflösung führt auf das Ergebnis D. **2×B**

2: $12x^2 - 3 = 3 \cdot (4x^2 - 1)$. **1×D**
Die Anwendung der binomischen Formel $a^2 - b^2 = (a - b) \cdot (a + b)$ führt auf das Ergebnis B.

1.B1 – 1.B3

1.B1 **a)** L an M_2: $201 \cdot 5$ in Innsbruck und $462 \cdot 14$ in Salzburg **1×C**

Insgesamt werden 7 473 Levi-Jeans an das Modehaus M_2 geliefert.

b) $JM = \begin{pmatrix} 165 & 424 \\ 201 & 462 \\ 132 & 328 \end{pmatrix} \cdot \begin{pmatrix} 6 & 5 & 2 \\ 10 & 14 & 8 \end{pmatrix} \Rightarrow JM = \begin{pmatrix} 5\,230 & 6\,761 & 3\,722 \\ 5\,826 & 7\,473 & 4\,098 \\ 4\,072 & 5\,252 & 2\,888 \end{pmatrix}$ JM ... Jeans an Modehaus **1×A** **1×B**

c) Die Liefermatrix wird mit dem Preisvektor multipliziert: Skalarprodukt Zeile mal Spalte. **1×D**
Es entsteht ein Spaltenvektor mit den Erlösen in allen drei Modehäusern, die man am Schluss summieren muss.

Erlös: $p \cdot RE$

$(p_K \;\; p_L \;\; p_P) \cdot \begin{pmatrix} a_{11} & a_{12} & a_{13} \\ a_{21} & a_{22} & a_{23} \\ a_{31} & a_{32} & a_{33} \end{pmatrix}$ **1×B**

Das Element auf Platz 11 daher: $a_{11} \cdot p_K + a_{21} \cdot p_L + a_{31} \cdot p_P$ ... Erlös im Modehaus M_1.

1.B2 **a)** Gozintograph **1×A**

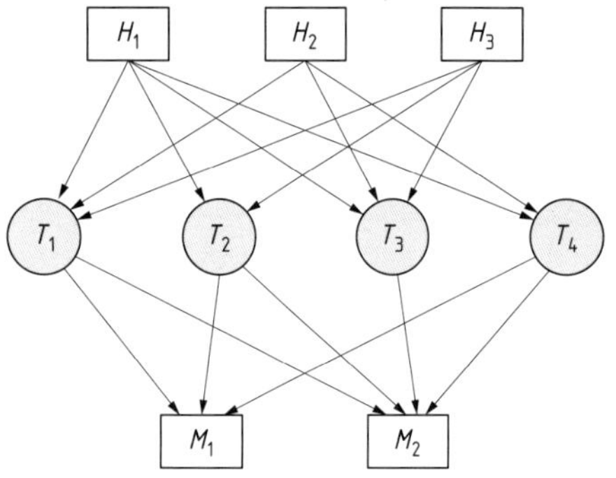

b) $\begin{pmatrix} 0{,}05 & 0{,}2 & 0{,}1 & 0{,}2 \\ 0{,}15 & 0 & 0{,}2 & 0{,}1 \\ 0{,}1 & 0{,}1 & 0{,}01 & 0 \end{pmatrix} \cdot \begin{pmatrix} 4 & 5 \\ 2 & 1 \\ 0 & 8 \\ 4 & 6 \end{pmatrix} = \begin{pmatrix} 1{,}4 & 2{,}45 \\ 1 & 2{,}95 \\ 0{,}6 & 0{,}68 \end{pmatrix}$ **1×A**

Von der Holzsorte H_1 benötigt man 1,4 Fm für die Tische, die an M_1 geliefert werden und 2,45 Fm an M_2. **1×B** **1×C**

$\begin{pmatrix} 1{,}4 \\ 1 \\ 0{,}6 \end{pmatrix} + \begin{pmatrix} 2{,}45 \\ 2{,}95 \\ 0{,}68 \end{pmatrix} = \begin{pmatrix} 3{,}85 \\ 3{,}95 \\ 1{,}28 \end{pmatrix}$ **1×A** **1×B**

$\begin{pmatrix} 3{,}85 \\ 3{,}95 \\ 1{,}28 \end{pmatrix}^T \cdot \begin{pmatrix} 53{,}5 \\ 61{,}2 \\ 48 \end{pmatrix} = (509{,}16)$ **1×A** **1×B**

Die Materialkosten betragen 509,16 €.

Verschiedene andere Rechenwege sind möglich!

1.B3 **a)** Gozintograph

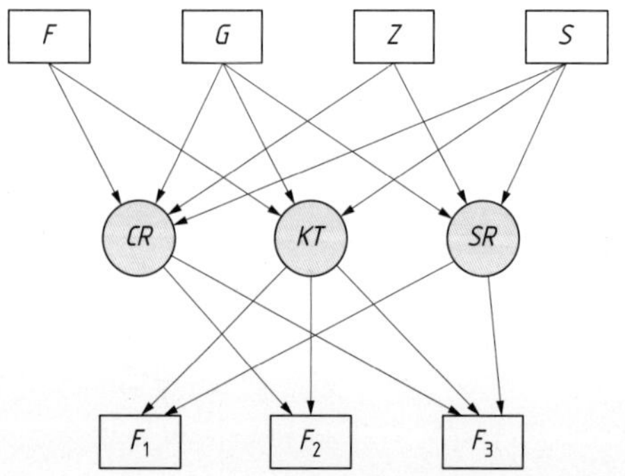

1×A **1×B**

b) $ZF = \begin{pmatrix} 2 & 4 & 0 \\ 5 & 2 & 5 \\ 3 & 0 & 10 \\ 5 & 5 & 10 \end{pmatrix} \cdot \begin{pmatrix} 0 & 100 & 90 \\ 50 & 90 & 200 \\ 80 & 0 & 200 \end{pmatrix} \Rightarrow ZF = \begin{pmatrix} 200 & 560 & 980 \\ 500 & 680 & 1\,850 \\ 800 & 300 & 2\,270 \\ 1\,050 & 950 & 3\,450 \end{pmatrix}$ ZF ... Zutaten für Fest **1×A** **1×B**

Man benötigt insgesamt Gorgonzola für F_1 500 dag, für F_2 680 dag und für F_3 1 850 dag.

c) $\begin{pmatrix} 0 & 50 & 80 \\ 100 & 90 & 0 \\ 90 & 200 & 200 \end{pmatrix} \cdot \begin{pmatrix} 1{,}5 \\ 3{,}2 \\ 5{,}3 \end{pmatrix} = \begin{pmatrix} 584 \\ 438 \\ 1\,835 \end{pmatrix}$ **1×A** **1×B**

Die Gesamteinnahmen betragen 2.857 €.

1.B4 a) *P* ... Produkte, *L* ... Länder

Gesamtexport:

$\begin{pmatrix} 2\,250 & 3\,500 & 0 \\ 2\,000 & 2\,400 & 1\,900 \end{pmatrix} + \begin{pmatrix} 1\,800 & 4\,600 & 3\,000 \\ 1\,700 & 3\,000 & 1\,900 \end{pmatrix} = \begin{pmatrix} 4\,050 & 8\,100 & 3\,000 \\ 3\,700 & 5\,400 & 3\,800 \end{pmatrix}$ **1×A** **1×B**

b) Veränderung:

$\begin{pmatrix} 2\,250 & 3\,500 & 0 \\ 2\,000 & 2\,400 & 1\,900 \end{pmatrix} - \begin{pmatrix} 1\,800 & 4\,600 & 3\,000 \\ 1\,700 & 3\,000 & 1\,900 \end{pmatrix} = \begin{pmatrix} 450 & -1\,100 & -3\,000 \\ 300 & -600 & 0 \end{pmatrix}$ **1×B**

Argumentieren: Im letzten Jahr hat sich das Exportgeschäft gegenüber dem vorletzten Jahr ziemlich verschlechtert. Nur in der Schweiz (L_1) ist eine Erhöhung der Verkaufszahlen vor allem für das Produkt P_1 festzustellen. In den anderen Ländern erfolgte ein massiver Rückgang der Nachfrage für beide Produkte, nur in Italien sind die Verkaufszahlen für das Produkt P_2 gleich geblieben. **1×D**

c) Operieren: Exporttabelle:

$\begin{pmatrix} 2\,250 & 3\,500 & 0 \\ 2\,000 & 2\,400 & 1\,900 \end{pmatrix} \cdot 1{,}012 = \begin{pmatrix} 2\,277 & 3\,542 & 0 \\ 2\,024 & 2\,428{,}8 & 1\,922{,}8 \end{pmatrix}$ **1×B**

I	L_1	L_2	L_3
P_1	2 277	3 542	0
P_2	2 024	2 428,8	1 922,8

1×A

1.B5 a) **1×A**

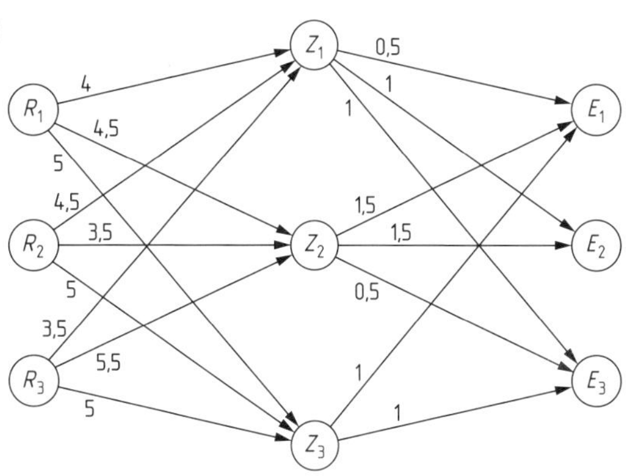

b) $RE = \begin{pmatrix} 4 & 4{,}5 & 5 \\ 4{,}5 & 3{,}5 & 5 \\ 3{,}5 & 5{,}5 & 5 \end{pmatrix} \cdot \begin{pmatrix} 0{,}5 & 1 & 1 \\ 1{,}5 & 1{,}5 & 0{,}5 \\ 1 & 0 & 1 \end{pmatrix} = \begin{pmatrix} 13{,}75 & 10{,}75 & 11{,}25 \\ 12{,}5 & 9{,}75 & 11{,}25 \\ 15 & 11{,}75 & 11{,}25 \end{pmatrix}$ **1×B**

Zur Erzeugung vom Endprodukt E_1 benötigt man 13,75 ME von R_1, 12,5 ME von R_2 und 15 ME von M_3. **1×C**

c) $RE \cdot N = \begin{pmatrix} 13 & 11 & 11 \\ 13 & 10 & 11 \\ 15 & 12 & 11 \end{pmatrix} \cdot \begin{pmatrix} 40 \\ 50 \\ 60 \end{pmatrix} = \begin{pmatrix} 1\,730 \\ 1\,680 \\ 1\,860 \end{pmatrix}$ **2×B**

Bedarf an Rohstoffen mal der Nachfrage nach den Endprodukten ergibt den Rohstoffbedarf für die Nachfragemengen.

$\begin{pmatrix} x \\ y \\ z \end{pmatrix} = \begin{pmatrix} 500 \\ 500 \\ 500 \end{pmatrix} + \begin{pmatrix} 1\,730 \\ 1\,680 \\ 1\,860 \end{pmatrix} - \begin{pmatrix} 750 \\ 1\,350 \\ 0 \end{pmatrix} = \begin{pmatrix} 1\,480 \\ 830 \\ 2\,360 \end{pmatrix}$

Der Bedarf an neu zu erwerbenden Rohstoffen, der die Lagerbestände und die noch gewünschte Menge an Resten im Lager berücksichtigt, erhält man, indem man den gewünschten Restbestand zum Bedarf addiert und davon die ursprünglichen Lagerbestände subtrahiert. **1×C**

Es müssen demnach 1 480 R_1, 830 R_2 und 2 360 R_3 beschafft werden.

1.B6 a) **1×A**

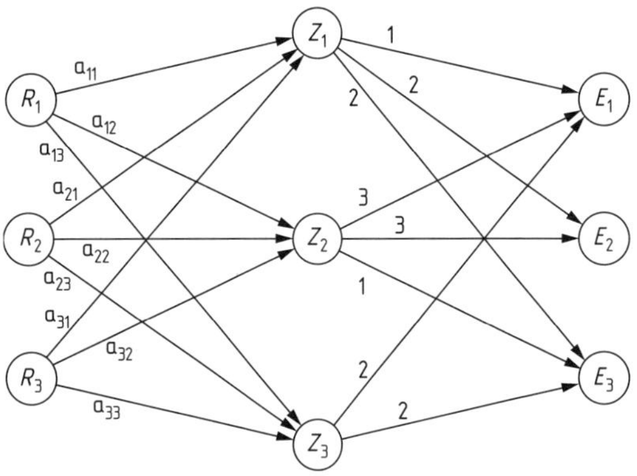

b) $RZ \cdot ZE = RE$

$RZ = RE \cdot ZE^{-1}$ mit Technologieeinsatz

$RZ = \begin{pmatrix} 275 & 215 & 225 \\ 250 & 195 & 225 \\ 300 & 235 & 225 \end{pmatrix} \cdot \begin{pmatrix} 1 & 2 & 2 \\ 3 & 3 & 1 \\ 2 & 0 & 2 \end{pmatrix}^{-1} = \begin{pmatrix} 40 & 45 & 50 \\ 45 & 35 & 50 \\ 35 & 55 & 50 \end{pmatrix}$

Die Berechnung ohne die Inverse ist hier kompliziert, es sind 3 Gleichungssysteme mit je 3 Variablen zu lösen. Man erhält zeilenweise das gleiche Ergebnis. **2×B**

Für die 1. Zeile von *RZ*:

I: $a_{11} + 3a_{12} + 2a_{13} = 275$
II: $2a_{11} + 3a_{12} = 215$
III: $2a_{11} + a_{12} + 2a_{13} = 225$

Für die 2. Zeile von *RZ*:

I: $a_{21} + 3a_{22} + 2a_{23} = 250$
II: $2a_{21} + 3a_{22} = 195$
III: $2a_{21} + a_{22} + 2a_{23} = 225$

Für die 3. Zeile von *RZ*:

I: $a_{31} + 3a_{32} + 2a_{33} = 300$
II: $2a_{31} + 3a_{32} = 235$
III: $2a_{31} + a_{32} + 2a_{33} = 225$

(Das sind die in Aufgabe **a)** in der Skizze eingefügten Matrix-Elemente a_{11} bis a_{33})

c) Ansatz: $k \cdot (RE \cdot N) = 489\,500$ mit $k = (3x \;\; x \;\; 3x)$ ... Kosten pro ME **1×A**

$$RE \cdot N = \begin{pmatrix} 275 & 215 & 225 \\ 250 & 195 & 225 \\ 300 & 235 & 225 \end{pmatrix} \cdot \begin{pmatrix} 100 \\ 200 \\ 300 \end{pmatrix} = \begin{pmatrix} 138\,000 \\ 131\,500 \\ 144\,500 \end{pmatrix}$$

$$k \cdot (RE \cdot N) = (3x \;\; x \;\; 3x) \cdot \begin{pmatrix} 138\,000 \\ 131\,500 \\ 144\,500 \end{pmatrix} = (979\,000 \cdot x)$$ **2×B**

$x = \frac{489\,500}{979\,000} = 0{,}5$

R_1 kostet pro Einheit 1,5 GE/ME, R_2 kostet 0,5 GE/ME, R_3 kostet 1,5 GE/ME.

1.B Test

a) B ist richtig. **1×C**

Die Addition von Matrizen erfolgt gliedweise von den beiden Elementen auf der gleichen Matrizenposition. $a_{11} + b_{11}$ usw. **1×D**

b) D ist richtig. **1×C**

Die Zahlen des Zeilenvektors werden mit den einzelnen Zahlen des Spaltenvektors multipliziert und dann addiert. Dies ist die Grundvoraussetzung für die Matrizenmultiplikation. **1×D**

c) 1 ⟶ D und 2 ⟶ B sind richtig. **2×B**

Ergebnis: **2×C**

$(470 \;\; 680 \;\; 410)$ bzw. $\begin{pmatrix} 470 \\ 680 \\ 410 \end{pmatrix}$ **1×D**

Bei beiden stimmt die Zahl der Spalten der 1. Matrix mit den Zeilen der 2. Matrix zusammen.

d) Die Multiplikation in C liefert eine 3x3 Matrix: ⟶ Bild 1 **2×C**

Die Multiplikation in B liefert eine 3x2 Matrix: ⟶ Bild 2 **2×D**

e) 1 ⟶ B, 2 ⟶ D **2×C**

Die Begründung kann durch die Rechenregeln der Matrizenmultiplikation erfolgen: Die Glieder der Zeilen der ersten Matrix werden mit den Gliedern der Spalten in der 2. Matrix jeweils multipliziert und addiert. **1×D**

zB $a_{21} \cdot b_{13} + a_{22} \cdot b_{23} + a_{23} \cdot b_{33} = c_{23}$

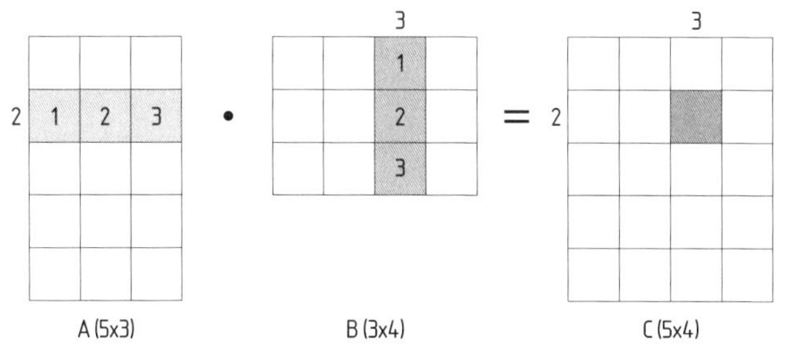

f) C ist richtig. **1×C**

Die Matrizen müssen in der richtigen Weise miteinander multipliziert werden: **1×D**

$RE = RZ \cdot ZE$

Wenn man beide Matrizen transponiert, kann man die Faktoren vertauschen und erhält die transponierte Matrix von RE:

$RE^T = ZE^T \cdot RZ^T$

1.C1 **a)** $G = px - kx - K_f$ **1×B**

$x = \frac{G + K_f}{p - k}$

b) $px - kx - K_f = 0$ **1×A**

$kx = px - K_f$

$k = p - \frac{K_f}{x}$ **1×B**

c)

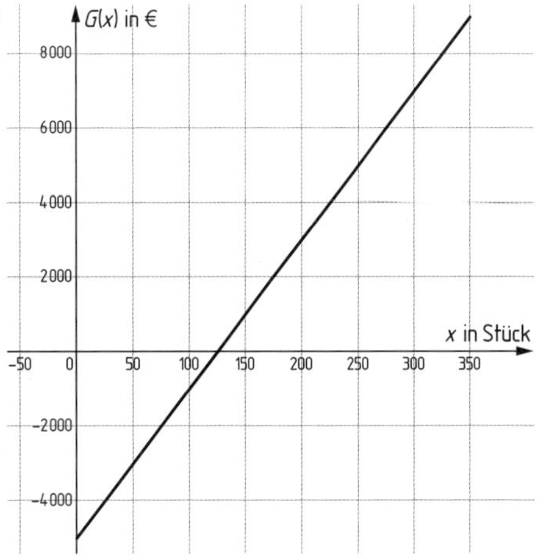

Die Gewinnzone beginnt am Break-Even-Point bei $x = 125$ Stück. **1×B**

Der Gewinn ist monoton und linear steigend.

Für $x < 125$ sind die Gewinnwerte negativ, **1×C**

das bedeutet, dass Verluste vorliegen. **1×D**

1.C2 a) $s = v_0 t - \frac{gt^2}{2}$ **1×B**

$v_0 t = s + \frac{gt^2}{2}$

$v_0 = \frac{s}{t} + \frac{gt}{2}$

b) $10 = 20t - \frac{9{,}81 \cdot t^2}{2}$ **1×A**

Lösung mithilfe von Technologieeinsatz: $t_1 = 0{,}583...$ und $t_2 = 3{,}493...$ **1×B**

Nach 0,58 Sekunden erreicht der Körper bei der Aufwärtsbewegung die Höhe von 10 m.

Der Ball steigt höher als 10 m und nach insgesamt 3,5 Sekunden erreicht er diese Höhe bei der Abwärtsbewegung. **1×C**

c)

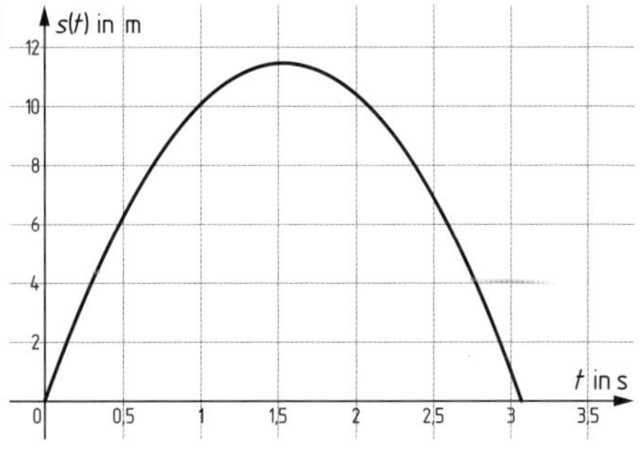

Der Weg nimmt monoton steigend zu bis nach ca. $1\frac{1}{2}$ Sekunden die maximale Höhe von ca. 11,5 m erreicht wird. **1×B** Anschließend fällt der Körper, bis er nach ca. 3,1 Sekunden die Ausgangshöhe erreicht. **1×C**

Sinnvolle Definitionsmenge [0; 3,06], damit keine negativen Wegstrecken vorkommen. **1×D**

1.C3 a) $V_E + V_L = \frac{4\pi \cdot (R + h)^3}{3}$ **1×A**

$(R + h)^3 = \frac{3\,(V_E + V_L)}{4\pi}$ **1×B**

$h = \sqrt[3]{\frac{3\,(V_E + V_L)}{4\pi}} - R$

b) $2\pi \cdot R + a = 2\pi\,(R + h)$ 1×A

$a = 2\pi \cdot h$

$h = \frac{a}{2\pi}$ 1×B

Einsetzen $a = 1$: $h = 0{,}1591... \approx 0{,}16$ m. 1×C

Der Marder kann unter dem Seil durch.

Die Höhe ist UNABHÄNGIG vom Radius R. 1×D

Sie ist direkt proportional zur Verlängerung des Umfangs.

Es folgt daraus, dass diese Formel für jede beliebige Kugel (oder auch jeden beliebigen Kreis) gilt. Bei Verlängerung des Umfangs um 1 LE hebt sich das Seil immer um 0,16 LE, unabhängig davon, wie groß die Kugel ist. 1×D

c) $F_G \cdot (R + h)^2 = G \cdot m_E \cdot m_K$

$(R + h) = \sqrt{\frac{G \cdot m_E \cdot m_K}{F_G}}$ 1×B

$h = \sqrt{\frac{G \cdot m_E \cdot m_K}{F_G}} - R$

1.C4 **a)** Oberfläche besteht aus 4 gleichseitigen Dreiecken:

$O = 4 \cdot \frac{s \cdot h}{2}$ 1×A

$h = \frac{O}{2s}$ 1×B

b) $A = (4 \cdot b + 15) \cdot \left(\frac{b}{2} + h + 35\right)$ in cm^2 1×A

Andere Darstellungen für A sind auch möglich.

c) $a = \frac{H - h}{2}$

$h = \frac{V_i}{r^2\pi}$ 1×A

$a = \frac{H}{2} - \frac{V_i}{2r^2\pi}$ 1×B

$m_D = \rho \cdot (V_a - V_i)$

$m_D = \rho \cdot \left[\left(r + \frac{H}{2} - \frac{V_i}{2r^2\pi}\right)^2 \cdot \pi \cdot H - V_i\right]$ 1×A 1×B

$m_D = 2{,}7 \cdot \left[\left(3{,}35 + \frac{16{,}2}{2} - \frac{560}{2 \cdot 3{,}35^2\pi}\right)^2 \cdot \pi \cdot 16{,}2 - 560\right] = 179{,}21 \approx 18$ dag 1×B

1.C Test **a)** A ist richtig. 1×C

Beweis:

$1\,\text{kg} \cdot \left(\frac{\text{m}}{\text{s}}\right)^2 \cdot \frac{1}{\text{m}} = \text{kg m/s}^2$ 1×D

b) C ist richtig. 1×C

x ist die kleinste natürliche Zahl, daher heißen die 3 Zahlen $x + 2$; $x + 1$ und x. 1×B

Summiert man sie, so erhält man $3x + 3 = s \Rightarrow x = \frac{s - 3}{3}$

c) C ist richtig. 1×C

Beweis:

$V = r^3\pi = \frac{m}{\rho} \Rightarrow r = \sqrt[3]{\frac{m}{\rho \cdot \pi}}$ 1×D

d) E ist richtig. **1×C**
Die Fläche der Figur besteht aus der Fläche eines rechtwinkligen Dreiecks und **1×A**
Rechteckflächen, die man einzeln zusammensetzen und addieren kann. **1×D**
Das Zusammensetzen kann unterschiedlich ausfallen. Durch entsprechende Umformung **1×B**
lässt sich aber jedenfalls immer den Ausdruck $a \cdot x + a \cdot y + a^2 + 0{,}5x \cdot y$ bestätigen.

e) **1×C** **1×D**

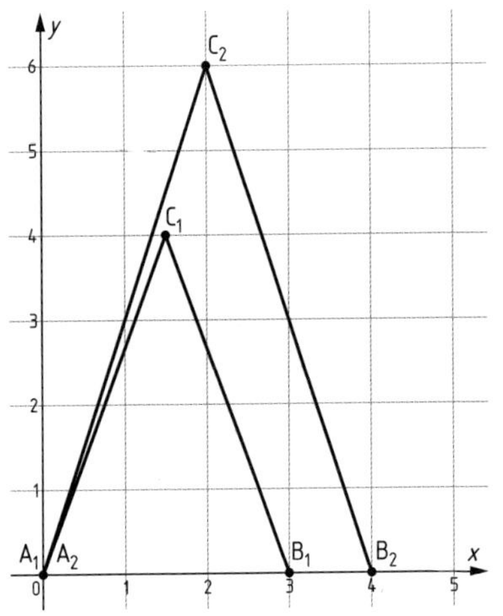

D ist richtig.
1. Fläche 6 cm²; 2. Fläche 12 cm², Verhältnis 1 : 2. **1×B**

f) 1 → A; 2 → D **2×C**
Begründung.
Die üblichen Formeln der elementaren Geometrie werden verwendet:
Rechteck $a^2 + b^2 = d^2$ ... Diagonale d
Die Halbkugel hat das Volumen $\frac{2a^3\pi}{3}$, der Zylinder $r^2\pi h$, durch Einsetzen für $r = a$ und **2×D**
$h = b$ erhält man die angegebene Formel.

1.D1 a)

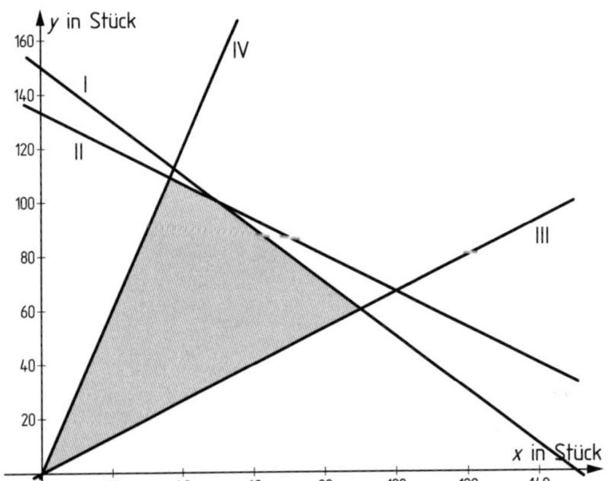

I: Insgesamt sollen nicht mehr als 150 Mixer eingekauft werden. **2×B**
II: Es sind unterschiedliche Interpretationen möglich. Eine davon könnte sich auf Kosten beziehen: Mixer des 1. Typs kosten pro Stück 20 €, Mixer des 2. Typs kosten pro Stück 30 €. Es sollen nicht mehr als 4.000 € ausgegeben werden.
III: Der Händler kauft vom 1. Typ nicht mehr als 1,5-mal so viele wie vom 2. Typ. **5×C**
IV: Der Händler kauft vom 1. Typ mindestens $\frac{1}{3}$-mal so viel wie vom 2. Typ.

b) $x + y \leqslant 170$

$22x + 32y \leqslant 4\,500$

$y \geqslant \frac{x}{3}$

$y \leqslant \frac{3x}{2}$

$x \geqslant 0$ **6×A**

$Z = 6{,}8x + 7{,}5y$

c)

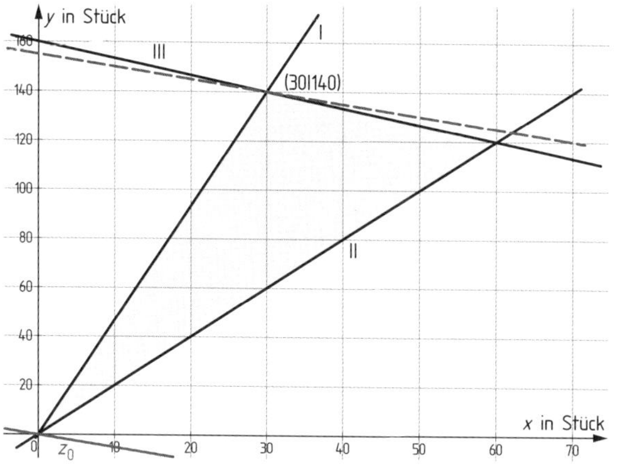

Maximaler Gewinn: 930 € **1×B**

Mixer Typ 1: 30 Stück, **2×C**

Mixer Typ 2: 140 Stück

1.D2 **a)** 2 Modelle von Motorrädern werden verkauft, Verkaufsmengen x und y in Stück. **2×C**

Einschränkende Bedingungen:

$x \leqslant 40,\ x \geqslant 0,\ y \geqslant 0,\ y \leqslant 60 - x$

$y \leqslant 52{,}5 - \frac{3x}{4}$, (2 Punkte sind gut ablesbar: (70|0) und (30|30), daraus die Ungleichung)

$z_0: y = -2x$

Lösungsvorgang: Die Zielfunktion beschreibt den Gewinn, den man mit dem Verkauf der Motorräder machen kann. Sie ist nicht aus der Zeichnung ablesbar. z_0 liefert nur eine Aussage über das Verhältnis der Einzelgewinne beim Verkauf der Motorräder.

Die Gerade z_0 wird über den markierten Lösungsbereich so lange verschoben, bis man den äußersten Punkt des Bereichs findet.

Dieser Punkt liefert die gewinnmaximierenden Mengen: **2×D**

40 Stück des 1. Modells und 20 Stück des 2. Modells. **2×C**

Die gewinnmaximierenden Mengen findet man an einem Eckpunkt des Lösungsbereichs. Welcher Punkt sich ergibt, hängt von den Einzelgewinnen der Motorräder ab. Im vorliegenden Fall gewinnt man doppelt so viel an einem Motorrad vom Typ A wie an einem Motorrad vom Typ B. Werden alle übrigen Bedingungen mit berücksichtigt, dann erzielt man mit 40 Stück vom Typ A und 20 Stück vom Typ B den höchsten Gewinn.

b) I: $45x + 64y \leqslant 10\,500$

II: $82x + 58y \leqslant 16\,700$

III: $x \leqslant 200$

IV: $y \leqslant 100$ **4×A**

V: $x \geqslant 0$

VI: $y \geqslant 0$

$G = 3\,000x + 4\,000y \rightarrow$ Maximum

c) Wie immer ist die verwendete Technologie nicht vorgeschrieben. **2×B**
Lösung:
$x = 80$ Stück von Modell C
$y = 100$ Stück von Modell D
Maximaler Gewinn: 400.000 €

1.D3 a) In Lager 1 befinden sich 90 t Sand, davon werden x Tonnen an die Baustelle B_1 geliefert: Kosten 35 € pro Tonne, y Tonnen gehen an Baustelle 2 mit Kosten von 30 € je Tonne und der Rest geht an Baustelle 3 mit 20 €/t. **1×C** **1×D**
Vom Lager 2, in dem sich 75 Tonnen Sand befinden, werden die noch fehlenden $80 - x$ Tonnen an die Baustelle 1 mit Kosten von 15 €/t geliefert, $40 - y$ an die Baustelle 2 mit Kosten von 20 €/t und der noch fehlende Rest geht an Baustelle 3 mit Kosten von 25 €/t.
x und y sind die Mengen, die aus Lager 1 an die Baustellen B_1 und B_2 geliefert werden. **1×C**
Dadurch und mit den Kapazitäten der Lager bzw. mit dem Bedarf an den Baustellen können alle anderen Transportmengen beschrieben werden. **1×D**

b) Die einschränkenden Bedingungen für die Sandlieferungen sind mit den folgenden Ungleichungen gegeben: **1×A**
I: $90 - x - y \geq 0$
II: $80 - x \geq 0$
III: $40 - y \geq 0$
IV: $x + y - 45 \geq 0$
V: $x \geq 0$
VI: $y \geq 0$

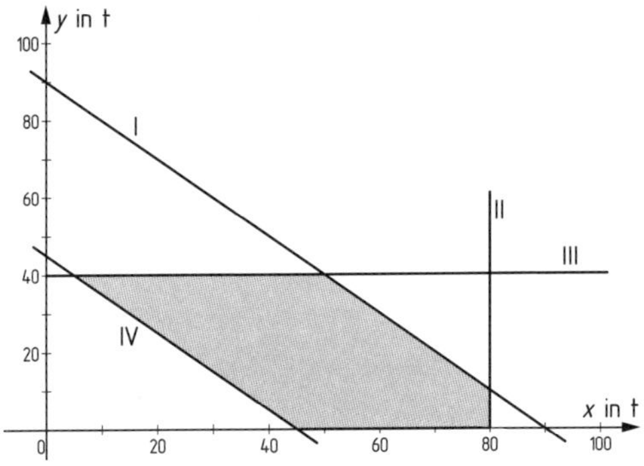

1×B

c) Schnittpunkt: $45 - x = 40 \Rightarrow x = 5, y = 40$
$T_{min} = 3\,400$ **2×B**
An die Baustelle 1 sollen 5 t von L_1 und 75 t von L_2 geliefert werden. **1×C**
An die Baustelle 2 gehen 40 t von L_1, mehr wird nicht benötigt.
An die Baustelle 3 gehen 45 t von L_1, mehr wird nicht benötigt.
Die gesamten Transportkosten betragen 3.400 €.

1.D4 a) Für x Tonnen von P_1 und y Tonnen von P_2 ergeben sich die folgenden Beziehungen für den Lösungsbereich: **4×A**
I: $x \geq 0$
II: $y \geq 0$
III: $0{,}1x + 0{,}01y \leq 0{,}3$
IV: $0{,}1x + 0{,}1y \leq 0{,}75$
V: $0{,}1x + 0{,}2y \leq 1{,}4$

b) Für x Tonnen von P_1 und y Tonnen von P_2: **2×A**
$Z = 4\,000x + 3\,000y \rightarrow \max.$
$0{,}05x + 0{,}01y \leq 0{,}3$
$0{,}04x + 0{,}07y \leq 0{,}75$
$0{,}1x + 0{,}125y \leq 1{,}4$
x und y sind positiv
Lösung exemplarisch mit Geogebra **2×B**
$x = 4{,}476$ t von Produkt P_1
$y = 7{,}619$ t von Produkt P_2
Der Gewinn beträgt rund 40.762 €.

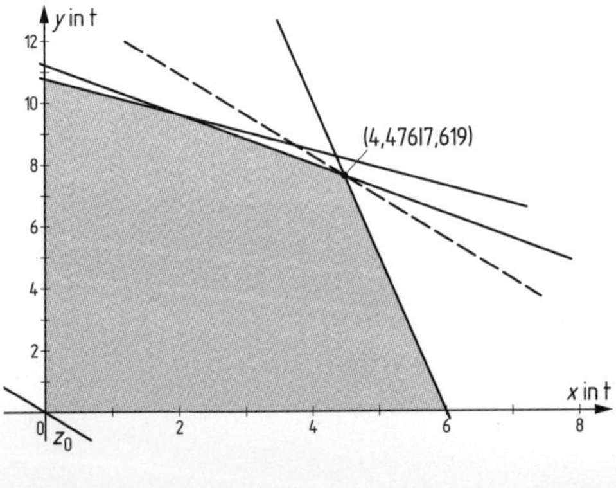

1.D Test

a) C ist richtig. **1×C**

$x - 3y \leqslant 6$, $x + 2y \leqslant 4$ und $x \leqslant -2$. Dies beschreibt die Fläche korrekt. **1×D**

b) Skizze:

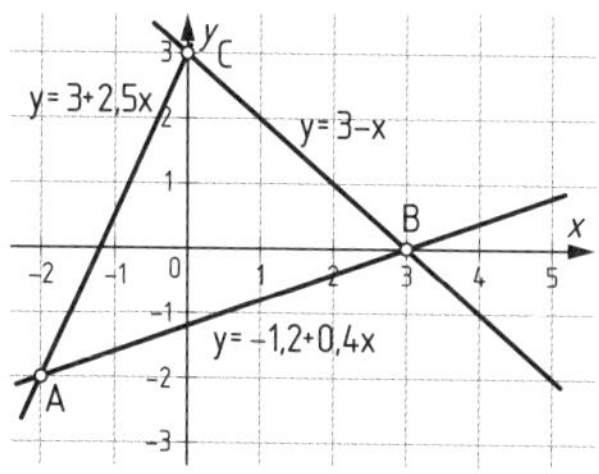

C ist richtig. **1×B**

Das Ungleichungssystem wird beschrieben durch:

$y \leqslant 2{,}5x + 3$; $y \leqslant -x + 3$; $y \geqslant 0{,}4x - 1{,}2$

1×C

1×D

c) Begründung für die Auswahl: Richtiges Ablesen von k und d der Geradensteigungen. **2×C**

$1 \rightarrow$ D: **2×D**

$k = -1$, $d = 2$ fallende Gerade; $k = 2$ und $d = -2$ steigende Gerade.

$2 \rightarrow$ A:

$k = 0{,}5$ und $d = -2$ weniger stark steigende Gerade; $k = 2$ und $d = -2$ stärker steigende Gerade.

d) C ist richtig. **1×C**

Die Lösungen, die beim Parallelverschieben der Zielfunktion entstehen, liegen auf der Umrandung des Lösungsbereichs. Wenn die Lösung eindeutig sein soll, dann kann dies nur ein Punkt sein. **1×D**

e)

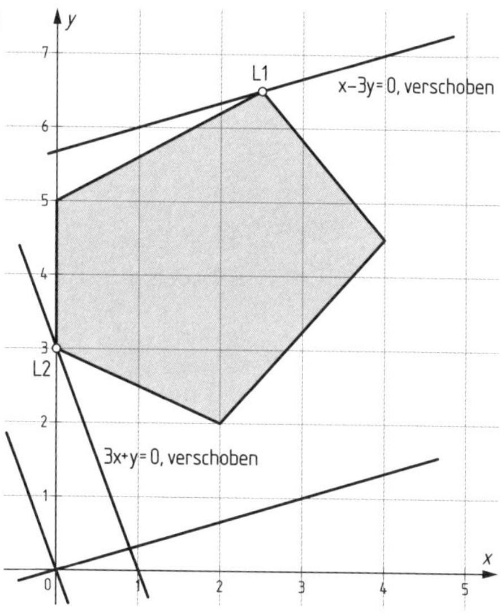

$1 \rightarrow$ C:

Die Zielfunktionsgerade für C zeigt bei L_1 ein Maximum. **2×C**

$2 \rightarrow$ A: **2×B**

Die Zielfunktionsgerade für A zeigt bei L_2 ein Minimum. **1×D**

f) $1 \rightarrow$ C: **2×C**

$k = -2$, $d = 16$, Bereich über der Geraden

$2 \rightarrow$ A: **2×D**

$k = -0{,}4$, $d = 8$, Bereich über der Geraden

1.Mündliche RP

Lösung der Aufgabe zur mündlichen Reifeprüfung

a) x ... Mengen von Regal A,
y ... Mengen von Regal B
I: $40x + 30y \leqslant 14\,400$
II: $30x + 40y \leqslant 12\,000$ **3×A**
III: $10x + 20y \leqslant 5\,400$
IV: $x \geqslant 0$
V: $y \geqslant 0$
$Z = 70x + 100y$
Der Lösungsbereich wird links und unten durch die Koordinaten-Achsen begrenzt. **1×D**
Die weiteren Punkte des Lösungsbereich liegen unterhalb der Geraden I bis III, die durch die entsprechenden Ungleichungen gegeben sind, wenn anstelle des Ungleichheits- ein Gleichheitszeichen gesetzt wird.
Die einzelnen Ungleichungen werden bei mündlichen Prüfungen vorgeführt und erklärt.

b)

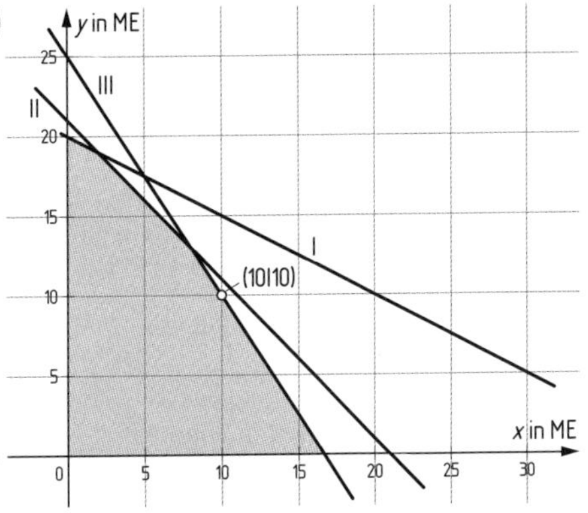

Der Punkt (10|10) liegt gerade noch im Lösungsbereich. **1×B**
Die Herstellung von 1 000 Regalen C und von 1 000 Regalen D erfüllt die vorgegebenen Bedingungen. **1×C** **1×D**

c)

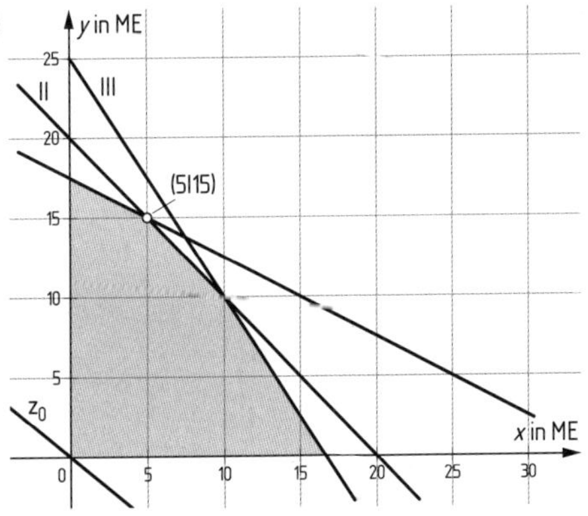

Man zeichnet die Zielfunktionsgerade durch den Koordinatenursprung. **1×B**
Diese Gerade wird so lange parallel über den Lösungsbereich verschoben, bis der äußerste Punkt dieses Bereichs erreicht ist. **1×D**
Dieser Punkt ergibt die gewinnmaximierenden Lösungen für x und y.
$x = 5$ ME, $y = 15$ ME
$Z = 190$ GE
500 Stück Regale E und 1 500 Regale F bewirken einen maximalen Gewinn. Dieser beträgt 190 GE.

d) *f* entspricht der Geraden II, *g* entspricht der Geraden I.
Man berechnet die Koordinaten des Eckpunkts, indem man das Gleichungssystem mit den Funktionsgleichungen der beiden Geraden, deren Schnittpunkt der Eckpunkt ist, nach x und nach y löst. **2×D** **2×B**

Mögliche Lösung:
zB Einsetzungs- und Additionsmethode anhand der beiden Gleichungen zeigen.

Bei der **Einsetzungsmethode** berechnet man eine Unbekannte bzw. benützt in diesem Fall die bereits gegebene Variable y aus einer Gleichung.
Man setzt den Term für y in die andere Gleichung ein.
$17{,}5 - 0{,}5x = 20 - x$
Diese Gleichung wird nach x gelöst. ($x = 5$)
Durch Einsetzen von x in den Term für y bestimmt man die 2. Unbekannte. ($y = 15$)

Bei der **Additionsmethode** formt man die 1. Gleichung um, multipliziert zB die 2. Gleichung mit (−1) und addiert anschließend beide Gleichungen.

$$\begin{aligned} \text{I:}\quad x + 2y &= 35 && \text{... umgeformt und mit 2 multipliziert} \\ \text{II:}\; -x - y &= -20 && \text{... umgeformt und mit } -1 \text{ multipliziert} \\ \hline y &= 15 \end{aligned}$$

Durch Einsetzen von y in die 1. oder in die 2. Gleichung ermittelt man x.

Der Schnittpunkt (5|15) bedeutet, dass 5 ME des ersten Regaltyps und 15 ME des zweiten Regaltyps in einem Eckpunkt des Lösungsbereichs liegen. Ob dies auch der optimale Punkt ist, hängt von der Zielfunktion ab. **1×C**

2 Funktionen

2.A1 ***a)*** 50 km/h = 13,888... m/s **1×A**

$0 = 13{,}89 - 4t \Rightarrow t = 3{,}47$

Das Fahrzeug kommt nach 3,47 Sekunden zum Stillstand. **2×B**

b) 36 m/s = 129,6 km/h war die Anfangsgeschwindigkeit. **1×C**

Ca. 21 m/s = 75,6 km/h ist die Geschwindigkeit des LKW. **1×C**

Bremsbeschleunigung: $-\frac{36}{10{,}3} \approx -3{,}53\ \text{m/s}^2$ **1×B**

Stillstand nach ca. 10,2 Sekunden **1×C**

Ablesetoleranz ± 0,1

c) $v(t) = 27{,}78 - 3t$ **1×A**

$t = \frac{27{,}78}{3} = 9{,}26$ **1×B**

$0 = 36{,}11 - a \cdot 9{,}26 \Rightarrow a = 3{,}9\ \text{m/s}^2$

Die Beschleunigung des 2. PKW beträgt rund 3,9 m/s². **1×B**

2.A2 ***a)*** $K(x) = 5\,900 + 820x$ **1×A**

$E(x) = 1\,350x$ **1×A**

BEP: $5\,900 + 820x = 1\,350x \Rightarrow x = 11{,}13$ **1×B**

Der Break-Even-Point liegt bei dem Verkauf von 12 Fahrrädern.
(Wenn nur ganzzahlige Mengeneinheiten möglich sind, ist bei der Bestimmung des Break-Even-Points die Stückzahl immer aufzurunden.)

b)

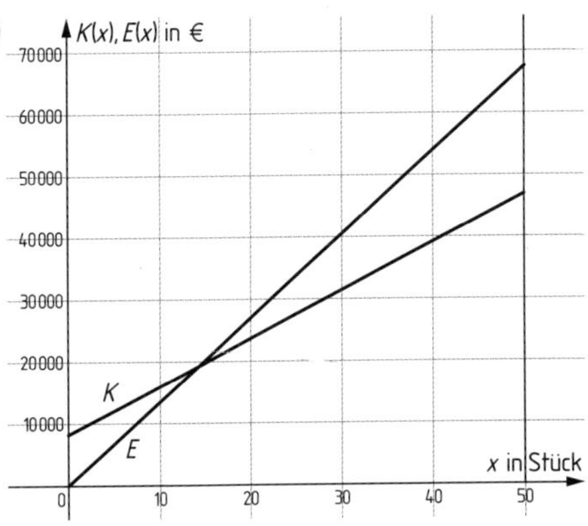

Wenn der Erlös oberhalb der Kosten liegt, gibt es einen (positiven) Gewinn. Der größte vertikale Abstand zeigt dann den maximalen Gewinn an, hier am rechten Rand des zulässigen Bereichs. **1×B** **1×D**

Der maximale wöchentliche Gewinn wird erzielt, wenn alle 50 Stück um den angegebenen Preis verkauft werden können. Die Produktionskosten werden vom Erlös abgezogen. **1×C**

Man liest 20.600 € als maximal möglichen Wochengewinn ab.

c)

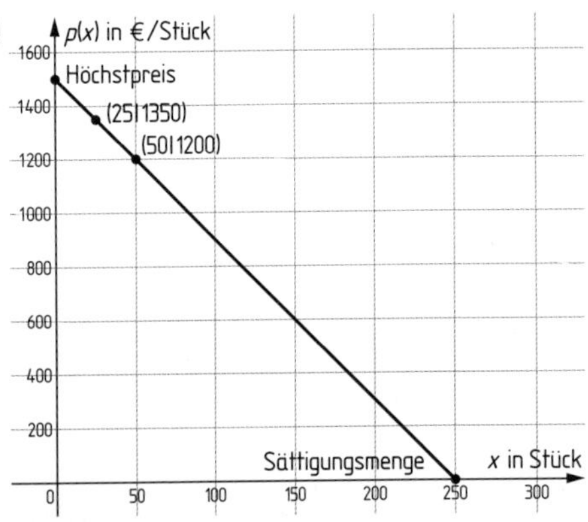

Der Höchstpreis beträgt 1.500 €. Das ist die höchste Grenze, die am Markt gerade nicht mehr toleriert wird. Es kann zu diesem Preis nichts mehr verkauft werden. **1×C** **1×D**

Bei ca. 250 Stück liegt die Sättigungsmenge. Sie ist ebenfalls nur eine theoretische Grenze. Sie beschreibt die höchste absetzbare Menge, wenn das Gut kostenlos wäre. **1×C** **1×D**

Bei einem Preis von 1.350 € werden 25 Stück verkauft. 50 Stück finden nach diesem Modell erst bei einem Preis von 1.200 € Abnehmer. **2×B**

$p(x) = 1500 - 6x$ **1×A**

2.A3 **a)** Die Punkte (0|20 000) und (8|7 000) befinden sich auf der Trägergeraden der diskreten Jahreswerte. **1×A**

$k = \frac{7\,000 - 20\,000}{8} = -1\,625$

Die Gleichung für die Funktion lautet daher $f(t) = 20\,000 - 1\,625t$.

Die Änderungsrate beträgt −1.625 €/Jahr, das bedeutet, dass jedes Jahr der Wert der Anschaffung um 1.625 € abnimmt. **1×C** **1×D**

b)

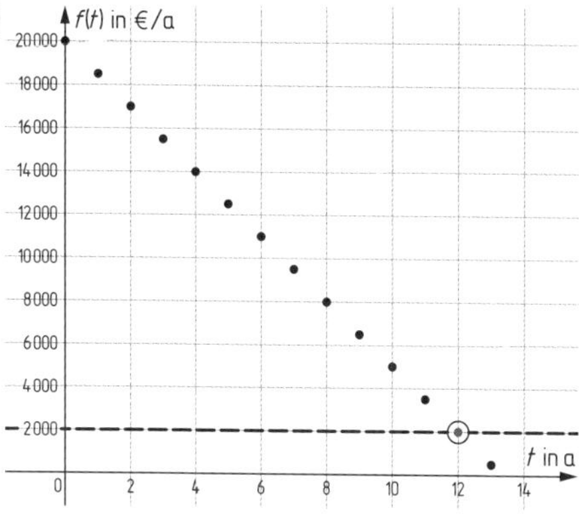

Die Funktion stellt die Jahresendwerte dar. **1×B**

Der Wert in der Grafik, der eingekreist ist, markiert die Grenze, ab wann der Wert der Maschine unter 10 % des Anschaffungswerts sinkt. **1×C**

Für die Rechnung benötigt man die Beziehung: **1×D**

$20\,000 - 1\,500t = 2\,000 \Rightarrow t = 12$ **1×A**

Nullstelle: $20\,000 - 1\,500t = 0 \Rightarrow t = 13{,}33$ **1×B**

Im 14. Jahr hat die Maschine keinen Wert mehr.

2.A4 **a)** $V(t) = V_0 - a \cdot t$ **1×A**

Zu Beginn ist ein Volumen V_0 im Benzinbehälter. Jede Stunde werden *a* Volumeinheiten vom Volumen abgezogen. **1×D**

b)

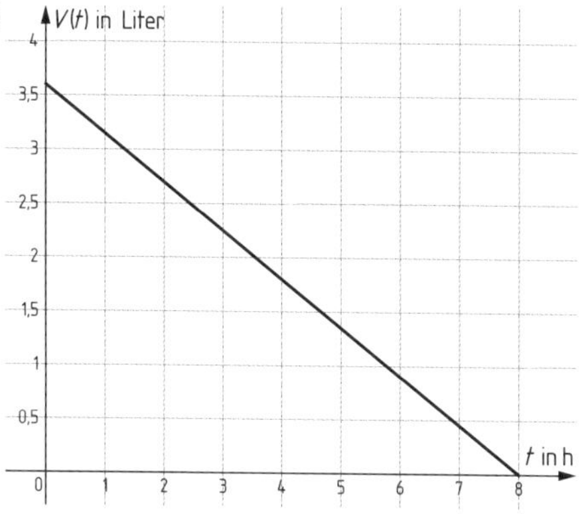

$V(t) = 3{,}6 - 0{,}45t$ **1×B**

$0{,}4 = 3{,}6 - 0{,}45t$ **1×A**

$t = 7{,}11$ **1×B**

Nach 7 Stunden und 7 Minuten ist der Tank bis auf 0,4 ℓ verbraucht.

c) Das Volumen im Behälter nimmt gleichmäßig zu, wenn der Zufluss gleichmäßig stattfindet. Da dies Voraussetzung war, ist die lineare Funktion passend. **1×D**

Im Tank befanden sich $V(0) = 0{,}5$ ℓ Restbenzin.

Bestes Ablesen ist am Punkt (0,1|4) und am Punkt (0|0,5) möglich: $k = \frac{3{,}5}{0{,}1} = 35$ **3×C**

Aus der Zapfsäule strömen 35 ℓ/min in den Tank.

Der Behälter ist nach ungefähr 0,09 Minuten voll, also nach ca. 5 Sekunden.

2.A Test **a)** D ist richtig. **1×C**

Die Fixkosten sind $K(0)$. Für $x = 0$ betragen die Kosten 25 GE. **1×D**

b) C ist richtig. **1×C**

Die Geschwindigkeit wird durch den Anstieg der Geraden festgelegt. **1×D**

($\Delta s = 5$ km, $\Delta t = 10 \Rightarrow 0{,}5$ km/min) **1×B**

c) D ist richtig. **1×C**
Die beiden Brüche geben jeweils die Fahrtzeiten der beiden Mädchen an. Da beide gleichzeitig wegfahren, sind die Zeiten gleich. **1×D**

d) D ist richtig. **1×C**
Bei 600 kWh sind die Tarife gleich groß. **1×B**
(Berechnung durch Gleichsetzen: $150 + 0{,}2x = 180 + 0{,}15x$) **1×D**
Über 600 kWh ist Tarif II günstiger, weil er den billigeren Arbeitspreis pro kWh hat.

e) 1 → C: Gerade durch P und oberhalb von R **2×C**
2 → B: Gerade durch Q und unterhalb von R **2×B**

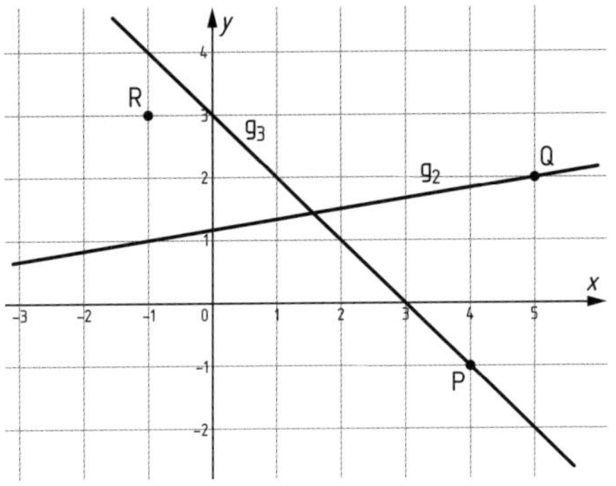

C: $d = 3$, $k = -1$, daher oberhalb R. **2×D**
$P(4|-1)$ erfüllt die Gleichung: $4 - 1 = 3$
B: $d = \frac{7}{6}$; $k = \frac{1}{6}$, daher unterhalb von R.
$Q(5|2)$ erfüllt die Gleichung: $5 - 12 = -7$

f) 1 → C: **2×C**
$(3|4\,500)$ und $(9|4\,000)$ ergeben $k = -\frac{250}{3}$ und $d = 4\,750$. Damit stimmt Gleichung 1. **2×D**
2 → B:
$f(t)$ = Volumen in Liter, t ist die Zeit in Stunden = 60 min,
Gerade durch 2 Punkte $(0|4\,500)$ und $(60|1\,500)$: $k = -\frac{150}{3}$ und $d = 4\,500$ ... Gleichung 2

2.B1 **a)** Ohne Kenntnis der Differenzialrechnung löst man die Aufgabe über den Scheitel der Parabel.
Wir formen die gegebene Gleichung der Parabel in eine Scheitelgleichung um:
$h(x) = ax^2 + bx + h_0$ wird umgeformt in $h(x) = a\,(x - x_S)^2 + y_S$.
Der Scheitel hat die Koordinaten (x_S, y_S).

$$h(x) = a \cdot \left(x^2 + \frac{b}{a}x\right) + h_0 = a \cdot \underbrace{\left(x^2 + \frac{b}{a}x + \frac{b^2}{4a^2}\right)}_{\text{Ergänzen zum vollständigen Quadrat}} + \underbrace{h_0 - \frac{b^2}{4a}}_{\text{„Wiedergutmachung“}}$$ **1×B**

$$h(x) = a \cdot \left(x + \frac{b}{2a}\right)^2 + h_0 - \frac{b^2}{4a}$$ **1×D**

Daher ist der Scheitel ablesbar: $x_S = -\frac{b}{2a}$ $\quad y_S = h_0 - \frac{b^2}{4a}$

Elegant löst man die Aufgabe mithilfe der Differenzialrechnung: **1×B**
$h'(x) = 0 \Rightarrow x_S = -\frac{b}{2a}$
Durch Einsetzen in die Gleichung der Parabel und nach einigem Umformen erhält man
$y_S = h_0 - \frac{b^2}{4a}$.

Bemerkung: Quadratische Funktionen sind Lehrstoff des II. Jahrgangs, Differenzialrechnung Lehrstoff des IV. Jahrgangs. Daher wird hier sowohl die Lösung ohne Kenntnis der Differenzialrechnung als auch mithilfe der Differenzialrechnung gezeigt.

b) Ablesen der Punkte: $P_1(0|1{,}3)$; $P_2(14{,}1|5{,}66)$; $P_3(21{,}63|0)$ **1×C**

Gleichungssystem:

I: $14{,}1^2a + 14{,}1b = 5{,}66 - 1{,}3$

II: $21{,}63^2a + 21{,}63b = -1{,}3$ **2×A**

Lösung mithilfe von Technologieeinsatz zB TI-Nspire: $a = -0{,}049...$, $b = 1{,}000...$

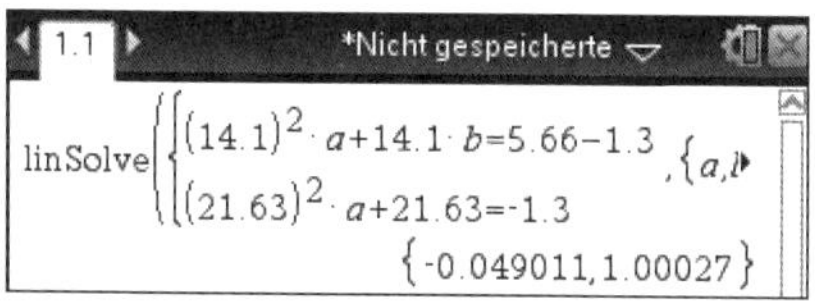

1×B

Gleichung der Parabel: $h(x) = -0{,}049x^2 + x + 1{,}3$ **1×B**

c)

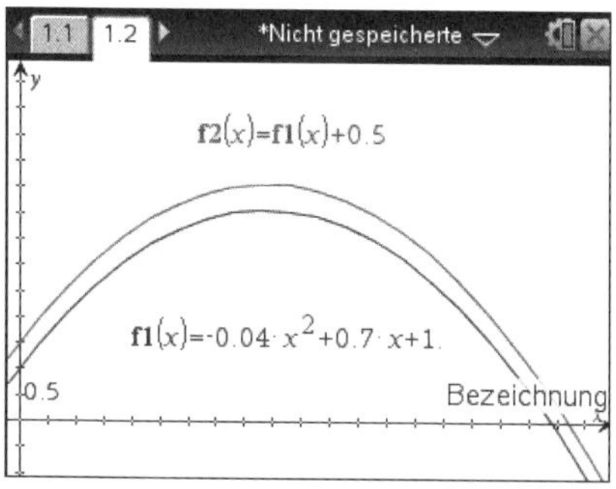

Durch die Veränderung von h_0 wird der Funktionswert $h(x)$ aller Punkte um 0,5 m größer. **1×B**

Das Maximum bleibt an der gleichen Stelle und wird um 0,5 m nach oben verschoben.

Die Wurfweite wird um ca. 0,6 m größer. **1×C**

Die Körpergröße des Sportlers beim Werfen hat daher auch Einfluss auf die Wurfweite.

1×C

2.B2 a)

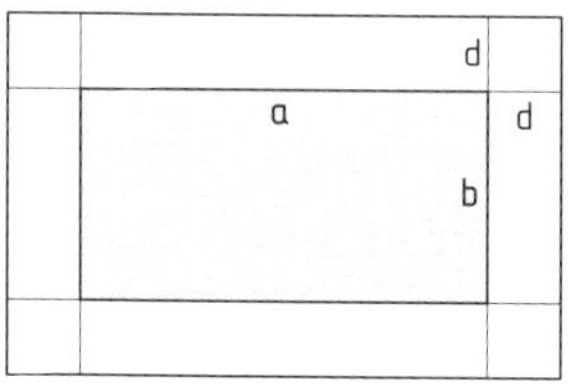

1×A

b) $A_U = 2d \cdot (a + b) + 4d^2$ **1×A**

Für die gegebenen Werte gilt: $A_U = 30d + 4d^2$

c) Die Gleichung lautet: $22d + 4d^2 = 8$ **1×A**

(1 Drittel der Beckenfläche!)

Der negative Wert für d ergibt keine sinnvolle Dimension einer Umrandung. **1×B**

$d \approx 0{,}34$ m ist die richtige Lösung. **1×D**

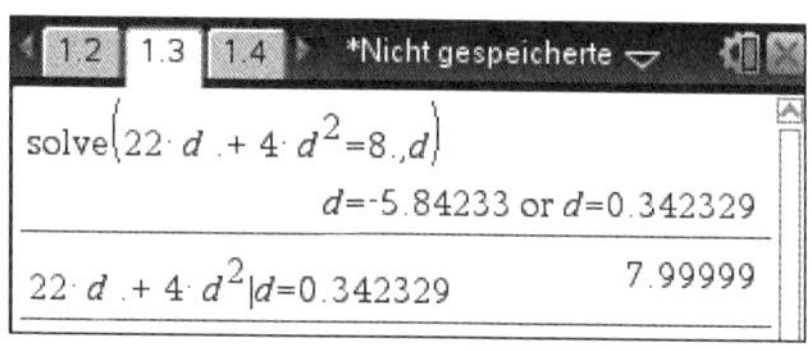

2.B3 a)

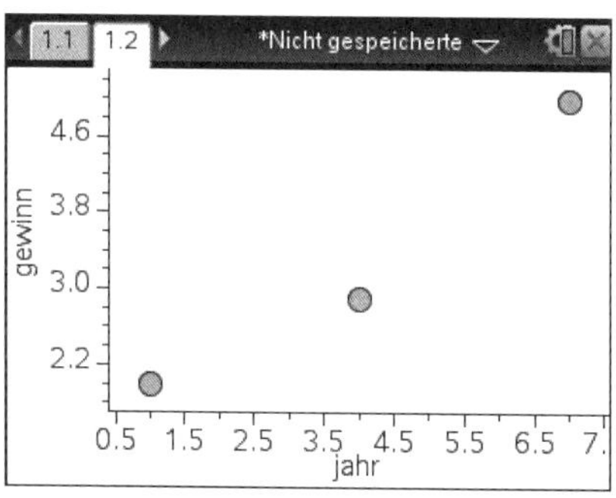

Die Punkte liegen nicht auf einer Geraden, daher eignet sich ein lineares Modell nicht gut. **1×B**

1×D

b) $G(t) = at^2 + bt + c$

I: $2 = a + b + c$

II: $2{,}9 = 16a + 4b + c$

III: $5 = 49a + 7b + c$

Lösung mithilfe von Technologieeinsatz:

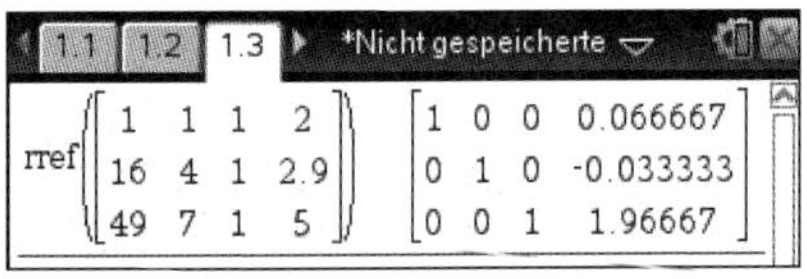

$a = 0{,}066... = \frac{1}{15}$

$b = -0{,}033... = -\frac{1}{30}$

$c = 1{,}966... = \frac{59}{30}$

$G(t) = \frac{t^2}{15} - \frac{t}{30} + \frac{59}{30}$

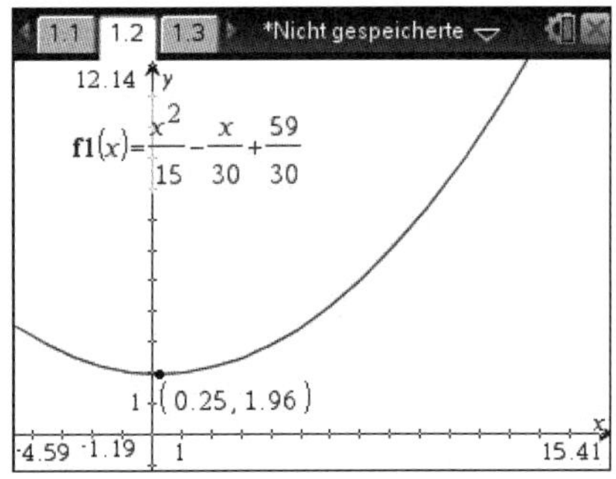

1×A

Die Definitionsmenge beginnt nach dem 1. Jahr, also bei $t = 1$. **1×B**

Das Minimum der Parabel bei $t = 0{,}25$ liegt außerhalb der Definitionsmenge.

Das Modell stimmt zwar für die angegebenen Werte und beschreibt den Gewinn innerhalb dieser Periode als monoton steigend. Allerdings ist die Annahme einer kontinuierlichen Entwicklung, und dies auch noch über das Jahr 7 hinaus, nicht realistisch. **2×D**

c) Das Unternehmen macht bis $t = 4$ keine Verluste, aber der Gewinn ist bei $t = 2$ kleiner als nach dem 1. Jahr, bei $t = 3$ ist der Gewinn gleich groß wie nach dem 1. Jahr und bei $t = 4$ ist er um 1 Million höher als nach dem 1. Jahr. **2×C**

Wenn man den Punkt bei $t = 4$ auslässt, so kann mithilfe von 3 Punkten eine quadratische Funktion ermittelt werden. Auf dem Graphen dieser Funktion liegen die anderen Punkte mit sehr geringer Abweichung.

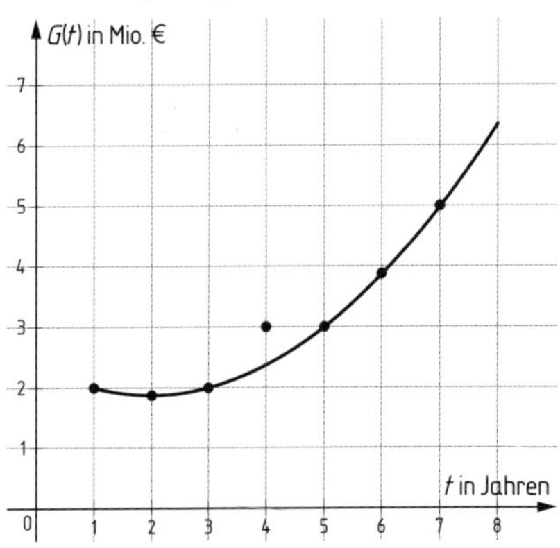

zB (nicht gefordert!)

(1|2); (3|2); (7|5)

Man erhält folgendes Gleichungssystem:

I: $a + b + c = 2$

II: $9a + 3b + c = 2$

III: $49a + 7b + c = 5$

Lösung mithilfe von Technologieeinsatz:

$a = 0{,}125$; $b = -0{,}5$; $c = 2{,}375$

Durch eine grafische Darstellung kann man zeigen, dass alle anderen Punkte fast genau auf dieser Kurve liegen.

(Im IV./V. Jahrgang kann die Regressionsrechnung herangezogen werden.)

2.B4 **a)** $x_{1,2} = \frac{-13 \pm \sqrt{13^2 + 4 \cdot 0{,}2 \cdot 0}}{-0{,}4}$

$x_1 = 0$

$x_2 = 65$ **1×D**

Oder man verwendet die kleine Lösungsformel ... **1×B**

Auf die gleiche Lösung kommt man, indem man die Gleichung über den Produkt-Null-Satz ohne Formel auflöst:

$x \cdot (-0{,}2x + 13) = 0 \Rightarrow x_1 = 0$ und $x_2 = -\frac{13}{-0{,}2} = 65$ **1×B**

Die Nullstellen bei 0 und 65 ME sagen aus, dass der Betrieb bei diesen Mengen keinen Erlös erwirtschaftet. **1×C**

b)

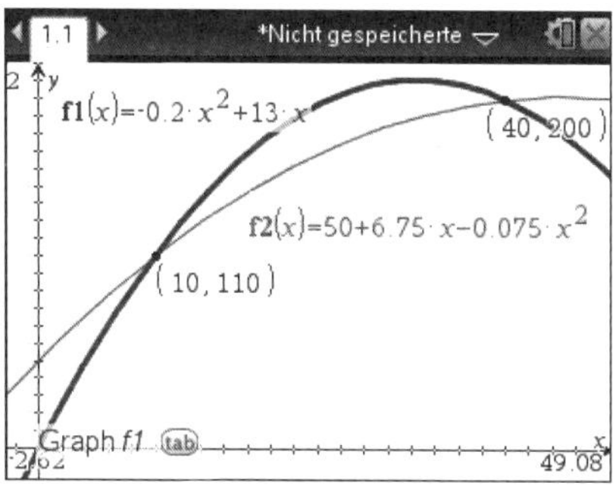

Da Kostenfunktionen monoton steigend sein müssen, beginnt die Definitionsmenge wie üblich bei $x = 0$ ME, endet aber beim Hochpunkt der Funktion (hier: 45 ME). **2×B** **2×D**

Die Schnittpunkte lassen sich zB grafisch mit Technologieeinsatz oder mit dem Gleichungssolver ermitteln. An den Schnittpunkten gilt, dass der Erlös den Produktionskosten entspricht.

Dies ist beim Verkauf von 10 ME bei Kosten (oder beim Erlös) von 110 GE und beim Verkauf von 40 ME bei Kosten (oder beim Erlös) von 200 GE der Fall. **1×C**

c) Es handelt sich für alle $x \geq 0$ um eine monoton steigende Funktion, die sich daher durchgehend als Kostenfunktion mit Fixkosten von 50 GE eignet. **1×D**

$-0{,}2x^2 + 17x = 50 + 6{,}75x + 0{,}075x^2$ **1×B**

BEP: $x = 5{,}77$ ME

2.B5 **a)** Das Auto hat eine Geschwindigkeit von ca. 28 m/s ≈ 100 km/h. **3×C**

Der Vorsprung beträgt 300 m.

Formel für den Zusammenhang von s, a und t bei einer gleichmäßig beschleunigten Bewegung:

$s = \frac{a}{2} \cdot t^2$, Ablesen $s \approx 400$ m, $t \approx 14$ s $\Rightarrow a \approx 4$ m/s²

Ablesetoleranz 50 m und 0,5 s

b) Auto: $s_A(t) = 300 + 27{,}78t$ **2×A**

Motorrad: $s_M(t) = 36{,}11t$ **1×B**

$300 + 27{,}78t = 36{,}11t \Rightarrow t = 36$

Nach 36 Sekunden holt der Motorradfahrer das Auto ein.

2.B Test **a)** B ist richtig. **1×C**

$b^2 - 4ac = 1 - 0{,}8 = 0{,}2$

$0{,}2 > 0 \Rightarrow$ 2 Nullstellen **1×D**

b) C ist richtig. **1×C**

Die Parabel ist nach oben offen und hat den Scheitel (1|0).

Sie berührt die x-Achse bei $x = 1$. **1×D**

c) B ist richtig. **1×C**

$h(0) = 1$ m, $v_0 = 3$ m/s (→ nach oben) **1×D**

d) E ist richtig. **1×C**
$5-(x-3)^2$; Scheitel bei (3|5) nach unten offen, Schnitt mit der y-Achse bei −4. **1×D**

e) obere Kurve 1 → D; Untere Kurve 2 → C; **2×C**
D: $y = 0{,}05x^2 - 1$; $y(0) = -1$, Scheitel bei (0|−1) stimmt mit der unteren Kurve überein. **2×B**
C: $y = -0{,}2x^2 + 4$; $y(0) = 4$, Scheitel bei (0|4) stimmt mit der oberen Kurve überein. **2×D**

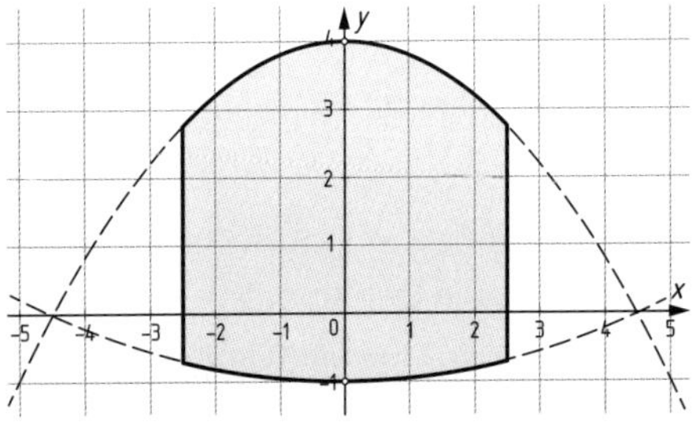

Schnittpunkte bei (−4,47|0) und (4,47|0) **1×C**

f) 1 → A: Scheitel bei (−1, 1), P(0|2) erfüllt die Gleichung. **2×C**
2 → D: Scheitel bei (0,5; 0,25), P(2|−2) erfüllt die Gleichung. **2×B**
Der Nachweis wird erbracht durch Einsetzen der Koordinaten in die Gleichung. **1×D**

2.C1 a)

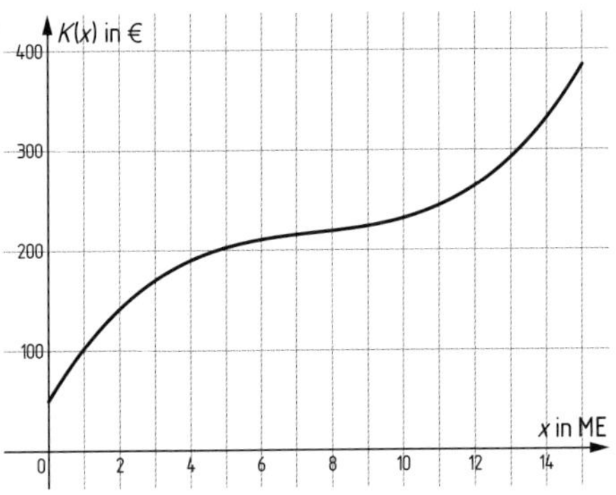

Der Graph der Funktion hat einen s-förmigen Verlauf.
Die Kosten steigen anfänglich bis ca. $x = 4$ stark, durchschnittlich in [0; 4] mit ca. 35 € pro ME.
Es folgt ein Bereich mit geringerem Anstieg.
Anschließend steigen die Kosten wieder stark (progressiv) in [11; 14] mit ca. 30 € pro ME.

1×B
1×C

b) BEP ist der x-Wert des Schnittpunkts von E und K. Das bedeutet, dass der Schnittpunkt die Koordinaten $(7{,}86|K(7{,}86))$ hat. Durch diesen Punkt geht vom Ursprung aus die lineare Erlösfunktion E. **1×D**

$K(7{,}86) = 220{,}12 \quad E = k \cdot x,\ k = \frac{220{,}12}{7{,}86} = 28,\ E(x) = 28x$ **1×A**

$G(x) = E(x) - K(x) = -\frac{1}{3}x^3 + 7{,}5x^2 - 32x - 50$ **1×B**

Die obere Gewinngrenze mit $G(x) = 0$ wird mithilfe von Technologieeinsatz berechnet. Sie liegt bei 15,84 ME. **1×A** **1×B**

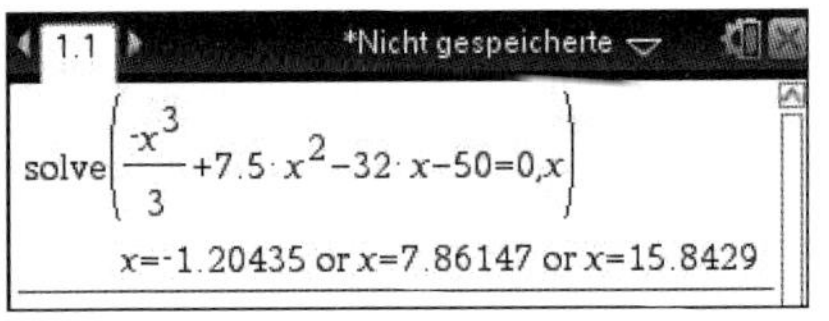

c) A: Die geringsten Durchschnittskosten liegen bei ca. 12 ME und betragen ca. 90 €/ME.
B: Die geringsten Durchschnittskosten liegen ebenfalls bei ca. 12 ME und betragen ca. 20 €/ME. **1×C**
Rechnung zum Vergleich:
$\frac{K}{x} = \frac{x^2}{3} - 7{,}5x + 60 + \frac{50}{x}$ **1×B**
Für $x = 12$ berechnen sich die Durchschnittskosten mit 22,17 €/ME, das entspricht der Kurve B. **1×D**

2.C2 a) $V = (30 - 2x) \cdot (20 - 2x) \cdot x = (600 - 2x \cdot 50 + 4x^2) \cdot x = 600x - 100x^2 + 4x^3$ **1×B, 1×D**

b)

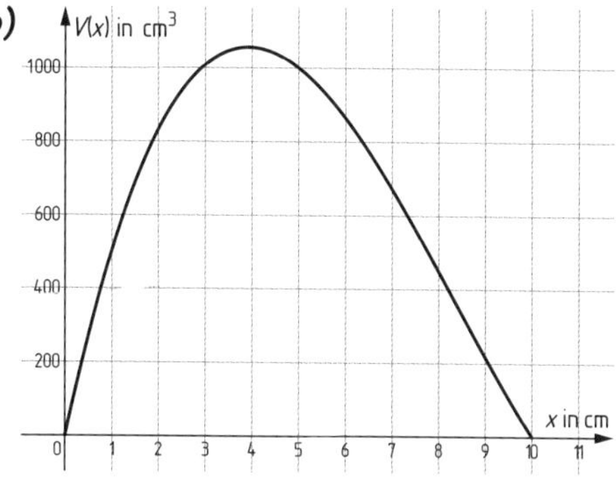

Definitionsmenge sind alle reellen Zahlen im Intervall [0; 10] **1×B**

Optimale Maße: **1×C**

Die Höhe der Schachtel $x \approx 4$ cm,

Grundfläche 22 cm x 12 cm.

Maximales Volumen: ca. 1 050 cm³. **1×C**

(genaue Werte: $x = 3{,}923...$; $V = 1\,056{,}305...$)

1×C

2.C3 a) $d = 1{,}3$ m

I: $4{,}8 = 12^3a + 12^2b + 12c + 1{,}3$

II: $4{,}92 = 14^3a + 14^2b + 14c + 1{,}3$

III: $4{,}8 = 16^3a + 16^2b + 16c + 1{,}3$

Gleichung der Flugbahn:

$h(x) = -0{,}00084x^3 + 0{,}0053x^2 + 0{,}349x + 1{,}3$

Es ist auch möglich, die Gleichung mittels Regression zu bestimmen. In diesem Fall müssen alle Schritte genau dokumentiert sein!

Lösung mithilfe von Technologieeinsatz: **1×A**

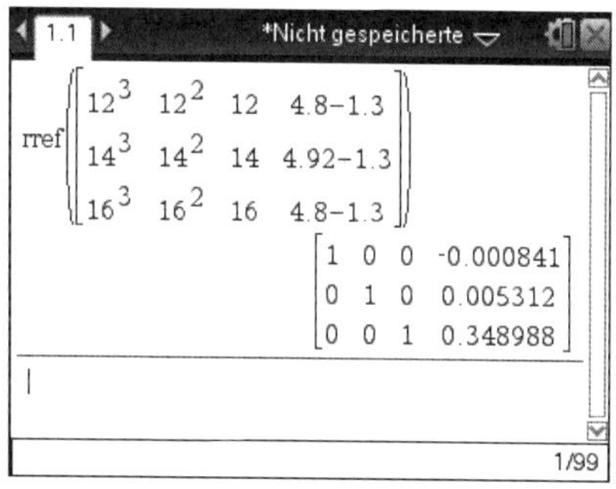

1×B

b)

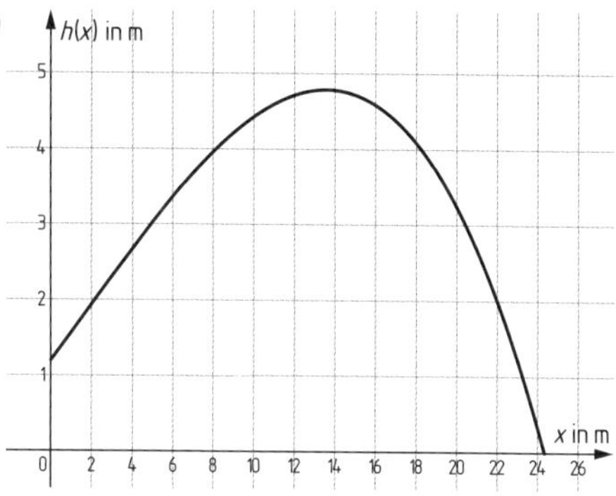

Definitionsmenge: Alle reellen Zahlen im Intervall [0 m; ca. 24 m] **1×B**

anfängliche Wurfhöhe: 1,2 m

maximale Höhe: ca. 4,8 m

Wurfweite: ca. 24 m **4×C**

2.C4 a) $K(0) = 160$

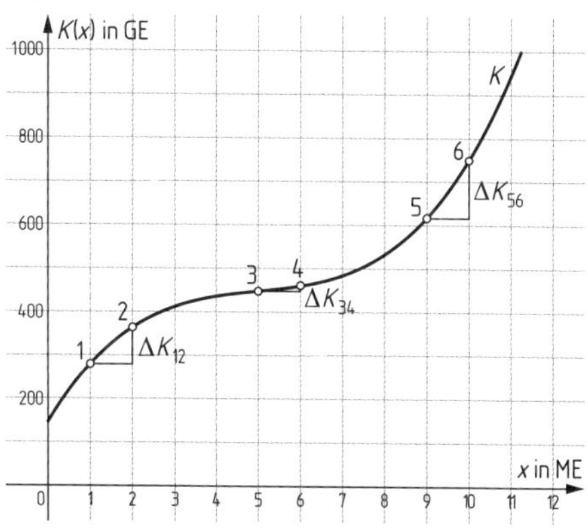

Die Differenz der Funktionswerte von 2 aufeinanderfolgenden Punkten auf dem Funktionsgraphen sind durchwegs positiv und nicht 0. **1×B**

Die Funktion ist streng monoton steigend.

1×D

b) Lösung mithilfe von Technologieeinsatz (grafisch oder mit Solver): **1×A**

1×B

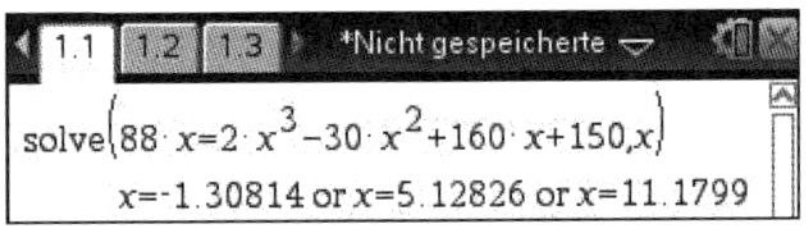

Die Gewinnzone liegt zwischen 5,13 ME und 11,17 ME. (Untere Gewinngrenze immer aufrunden, obere Gewinngrenze immer abrunden.)

c) $E(x) \approx 66{,}7x$ **1×B**

Im Tangentenpunkt sind die Kosten und der Erlös gleich groß sind.

Der Betrieb arbeitet gerade kostendeckend, wenn ca. 8 ME verkauft werden. **1×C**

$E(8) = K(8) \approx 530$ GE **1×C**

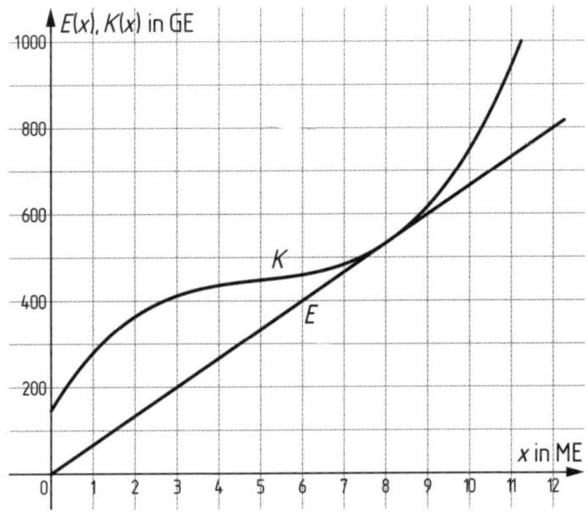

2.C Test

a) C ist richtig. **1×C**

$f(x) = 2x^3 - 3x^2 + x - 1$ hat $f(-0{,}5) \approx -2{,}5$; $f(0) = -1$; $f(1) = -1$; $f(1{,}5) = 0{,}5$. **1×B**

Diese Werte stimmen mit der Grafik überein. **1×D**

b) B ist richtig. **1×C**

Eine ungerade Polynomfunktion hat zumindest eine Nullstelle. Es schneidet entweder der rechte oder der linke Ast der Teilparabeln die x-Achse. **1×D**

c) 1 ⟶ C: Grad 3: S-förmiger Verlauf **2×C**

2 ⟶ B: Grad 2: Erkennbar als gerade Funktion mit 1 Scheitel, 2 Nullstellen. **2×D**

d) D ist richtig. **1×C**

Der Graph hat einen Schnittpunkt mit der x-Achse bei $x = 2$. **1×D**

(Bei $x = -1$ schneidet der Graph die x-Achse nicht, sondern berührt sie.)

e)

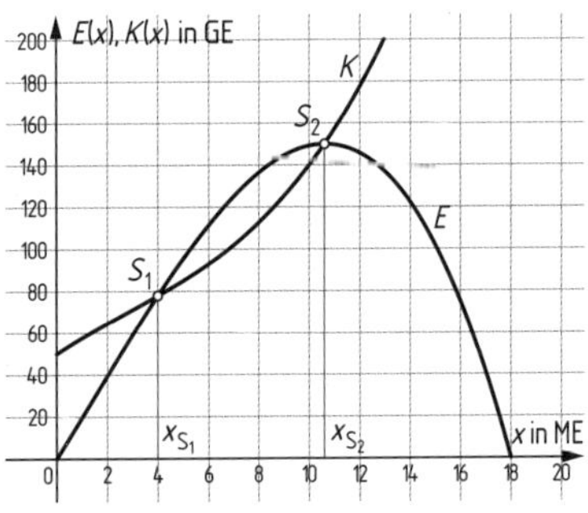

1 ⟶ D: **1×B**

S_1: Die Kosten überwiegen im Bereich bis zum x-Wert des Schnittpunkts S_1. **2×C** **2×D**

2 ⟶ C:

S_2: Im Intervall nach dem Schnittpunkt S_2 bis zur Erlösgrenze sind die Kosten höher als der Erlös, es wird kein Gewinn gemacht.

f) 1 ⟶ A:

Die Funktion bei A steigt monoton und hat $f(0) > 0$, ist daher zur Beschreibung von Gesamtkosten geeignet. **2×C** **2×D**

2 ⟶ C:

Die Intervallgrenzen bei C können als Erlösgrenzen interpretiert werden, die Funktionswerte sind alle positiv. Daher eignet sich diese Funktion zur Beschreibung eines Erlöses in Abhängigkeit vom Absatz.

2.D1 a)

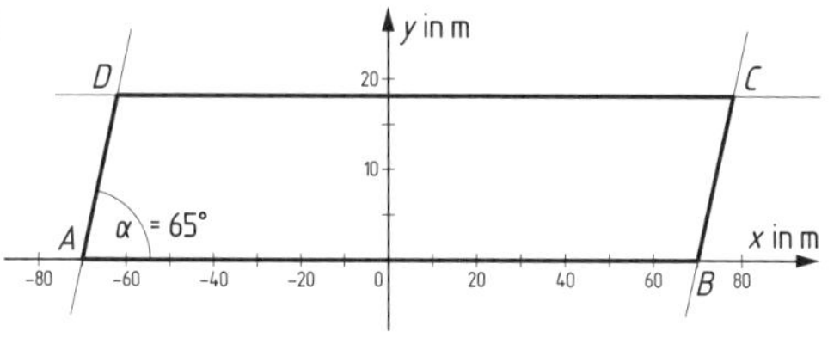

C ≈ (78|18) **1×B**

1×C

b) $A = g \cdot h$

$\frac{h}{20} = \sin(65°) \Rightarrow h = 18{,}126...$ $A = 2\,537{,}66\ \text{m}^2$ **1×B**

c)

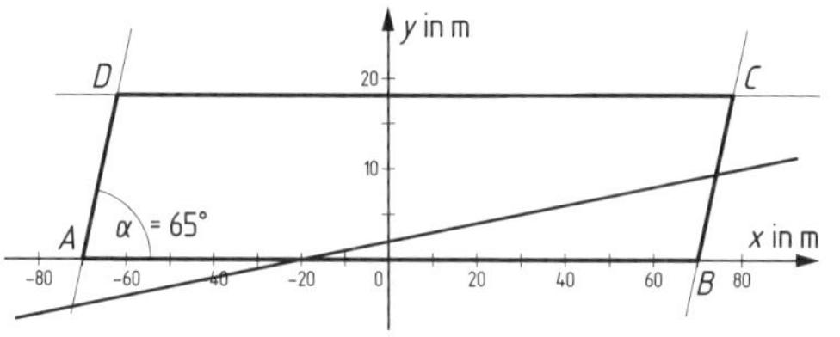

$k = 0{,}1 \rightarrow$ **1×A**

$\alpha_2 = \arctan(0{,}1) = 5{,}71...°$ **1×B**

Schnittwinkel mit der Grundstücksseite $\overline{AB}$.

$\beta = 65° - 5{,}71° = 59{,}29°$

Schnittwinkel mit der Grundstücksseite $\overline{BC}$.

1×B

2.D2 a)

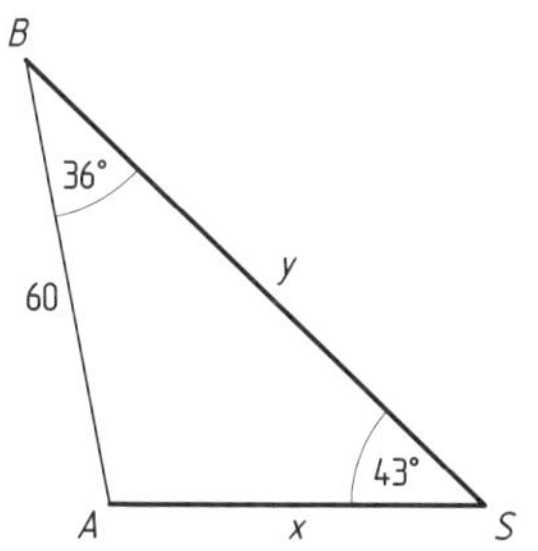

Winkelsatz im Dreieck: **1×A**

Die Summe aller Winkel ist 180°.

∢$SAB = 101°$

1×C

b) Hier wird mithilfe der Sätze im rechtwinkligen Dreieck die Lösung entwickelt. Wir zeichnen in die Skizze die Höhe *h* ein und berechnen sie mit der sin-Funktion:

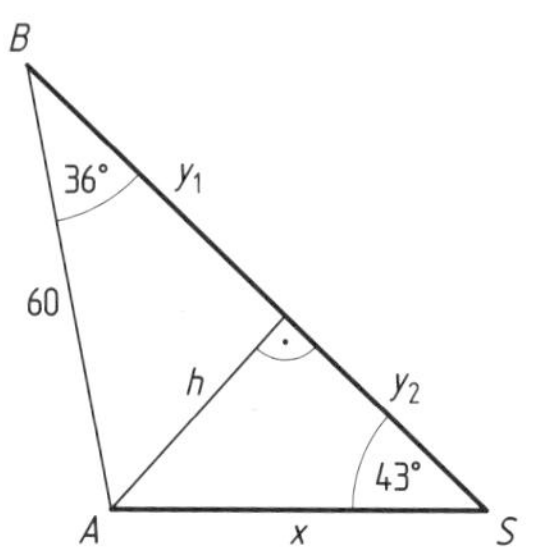

Es gibt viele unterschiedliche Rechenwege, die zielführend sind.

$h = 60 \cdot \sin(36°) = 35{,}267...$ speichern **1×A**

$\frac{h}{y_1} = \tan(36°) \Rightarrow y_1 = 48{,}541...$ speichern

$\frac{h}{y_2} = \tan(43°) \Rightarrow y_2 = 37{,}819...$ speichern

$y = y_1 + y_2 = 86{,}36$

Die Entfernung zur Station *B* beträgt 86,36 km. **2×B**

c) 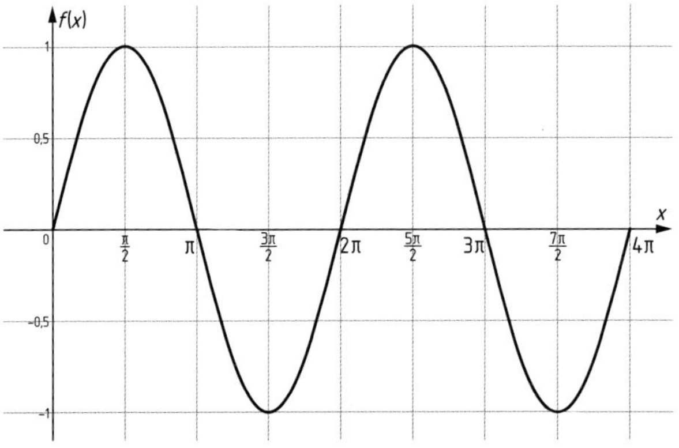

1×B

Allgemeine Eigenschaften der Sinusfunktion:

Definitionsbereich	$-\infty < x < \infty$	
Wertebereich	$-1 \leq y \leq 1$	**1×D**
monoton steigend	$-\frac{\pi}{2} + 2k\pi \leq x \leq \frac{\pi}{2} + 2k\pi,\ k \in \mathbb{Z}$	
monoton fallend	$2k\pi + \frac{\pi}{2} \leq x \leq (2k+1)\,\pi + \frac{\pi}{2},\ k \in \mathbb{Z}$	**1×D**
Nullstellen	$x_k = k\pi,\ k \in \mathbb{Z}$	
Periode	2π	**1×D**
Maxima	$x_{Max} = \frac{\pi}{2} + 2k\pi,\ k \in \mathbb{Z}$	
Minima	$x_{Min} = (2k+1)\,\pi + \frac{\pi}{2},\ k \in \mathbb{Z}$	**1×D**

2.D3 **a)** $h : \frac{b-c}{2} = \tan \alpha$ **1×A**

$\alpha = \arctan \frac{2h}{b-c}$ **1×B**

b) $V = \frac{(b+c)\,h}{2} \cdot l$ $\quad$ c muss bestimmt werden.

$\frac{16}{27-c} = \tan \alpha \;\Rightarrow\; c = 4{,}149...$ speichern **1×B**

$V \approx 7\,476\ \text{m}^3$ **1×B**

c) Die Weidefläche besteht aus 2 Rechtecksflächen mit den Seiten a und L und einer Rechteckfläche mit Seiten c und L. **1×C**

a muss aus den gegebenen Größen bestimmt werden.

$A = c \cdot L + 2a \cdot L = c \cdot L + \frac{2h}{\sin \alpha} \cdot L$ **1×D**

2.D4 **a)** 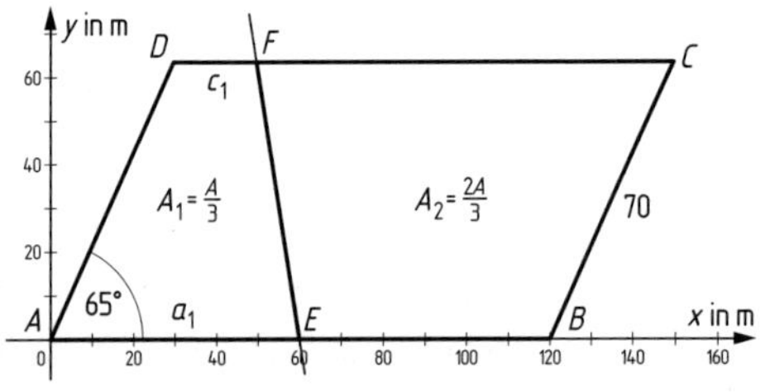

1×B

1×A

b) $\overline{DF} = c_1$ — $k = \frac{\Delta y}{\Delta x} = \frac{-h}{60 - 49{,}58} = -6{,}09$ **1×B**

$h = 70 \cdot \sin(65°) = 63{,}441...$ — $\arctan(-6{,}09) = 99{,}32°$ **1×A**

$A = 120 \cdot h = 7\,612{,}985...$ — Steigungswinkel der Trennungslinie **1×B**

$\frac{A}{3} = \frac{60 + c_1}{2} \cdot h \Rightarrow c_1 = 20$ — Gleichung der Trennungslinie: **1×B**

x-Koordinate von F: — $y = -6{,}09x + d \quad x = 60, y = 0 \Rightarrow d = 365{,}42$ **1×A**

$= 20 + 70 \cdot \cos(65°) = 49{,}583...$ — $y = -6{,}09x + 365{,}42$ **1×B**

c) Wenn man den Teilungspunkt auf a nicht fixiert, dann gibt es viele Möglichkeiten, das 1. Trapez mit einer Fläche von $\frac{A}{3}$ zu erzeugen.

Es muss erfüllt sein, dass $\frac{a_1 + c_1}{2} = \frac{a}{3}$ gilt, bzw $a_1 + c_1 = 80$ **1×D**

Es sind demnach zB folgende Kombinationen möglich: **1×B**

$\{(a_1, c_1)\} = \{(10, 70), (20, 60), (30, 50), (40, 40)\}$ und viele mehr.

2.D Test

a) E ist richtig. **1×C**

Umgeformt ergibt sich $a^2 + b^2 = c^2$. **1×D**

b) D ist richtig. **1×C**

Der Supplementärwinkel von β bildet mit h und b ein rechtwinkliges Dreieck, wobei h die Gegenkathete und b die Hypotenuse bildet. **1×D**

c) E ist richtig. **1×C**

Es ist eine trigonometrische Funktion gegeben, bei der die unabhängigen Variablen Winkel sind. 180° entspricht ca. 3,14 = π RAD, 360° entspricht ca. 6,28 = 2π RAD **1×D**

Der Graph beginnt bei 0 und hat die Nullstellen bei π und 2π. Es handelt sich um eine Sinus-Funktion.

d) E ist richtig. **1×C**

Die Funktion stellt $f(x) = \tan(x)$ dar. Diese Funktion wiederholt die gleichen Funktionswerte jeweils in Abständen von π. **1×D**

e)

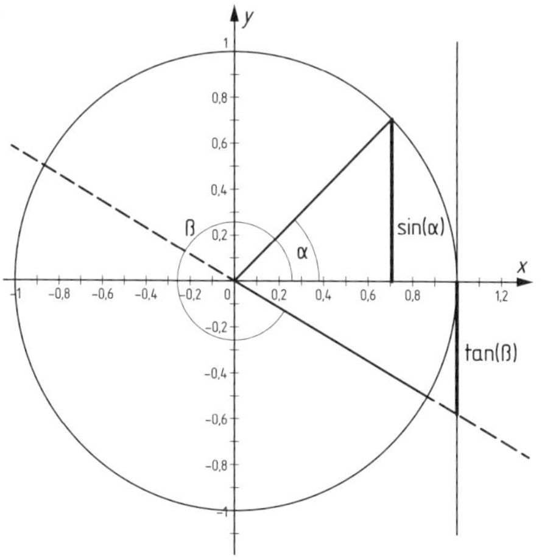

1 → B ist richtig. **2×B**

$\alpha = 45°$ entspricht $\frac{\pi}{4}$ rad.

Die Strecke $\sin(\alpha)$ lässt sich mit 0,7 Einheiten gut ablesen, sie entspricht bei einem Radius von 1 Einheit dem Sinus von $\alpha \rightarrow 0{,}7$. **2×C** **2×D**

2 → D ist richtig.

$\beta = 330°$ entspricht $\frac{11\pi}{6}$ rad

Der Tangens wird an der Tangente abgelesen und beträgt rund 0,6 Einheiten nach unten. Im Verhältnis zum Radius von 1 Einheit folgt daher: $\tan(\beta) \approx -0{,}6$

f) 1 → C; 2 → B **2×C**

C: Die Gültigkeit dieser Beziehung kann man am besten am rechtwinkligen Dreieck erkennen. Der Komplementärwinkel wäre der Winkel $\beta = 90° - \alpha$.

$c \cdot \cos\alpha = b$; $c \cdot \sin\beta$ ergibt auch b. **2×D**

Daher entspricht $\cos\alpha$ im rechtwinkligen Dreieck immer dem $\sin(90° - \alpha)$.

B: Die Gültigkeit des Satzes sieht man am Einheitskreis, wenn man den Winkel $180° - \alpha$ einzeichnet. Er befindet sich im 2. Quadranten. Der Kosinus ist negativ und entspricht betragsmäßig $\cos(\alpha)$. Das Vorzeichen ändert sich.

Lösung der Aufgabe zur mündlichen Reifeprüfung

a)

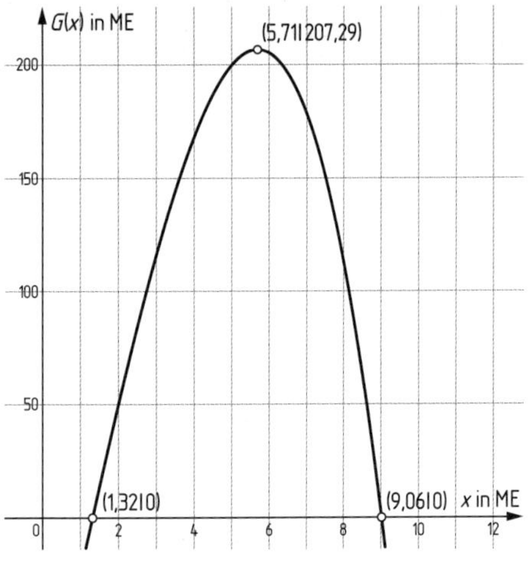

Die Gewinnzone liegt zwischen 1,32 ME und 9,06 ME. **1×B**

Der maximale Gewinn wird bei 5,71 ME erreicht und beträgt 207,29 GE. **3×C**

(Ableseungenauigkeit ± 0,5 wird toleriert)

b) $x = 5{,}71$ wird in $K(0)$; $K(x)$ und in $\frac{K(x)}{x}$ eingesetzt. **3×C**

Die Fixkosten betragen 100 GE, $K(5{,}71) = 518{,}79$ GE; $\frac{K(x)}{x}(5{,}71) = 90{,}86$ GE/ME

c) $G = E - K = px - K \Rightarrow p(x) = \frac{G + K}{x} = -4x + 150$ **1×B**

Die Preisfunktion ist eine fallende Funktion. Der Absatz steigt, wenn der Stückpreis geringer wird. **1×D**

Die Sättigungsmenge beträgt 37,5 ME, der Höchstpreis beträgt 150 GE/ME. **2×C**

d) Der Erlös ist das Produkt aus Preis mal Absatzmenge.

Die Schnittpunkte der Erlös- und der Kostenfunktion ergeben die untere und die obere Gewinngrenze. **2×D**

3.A1 **a)**

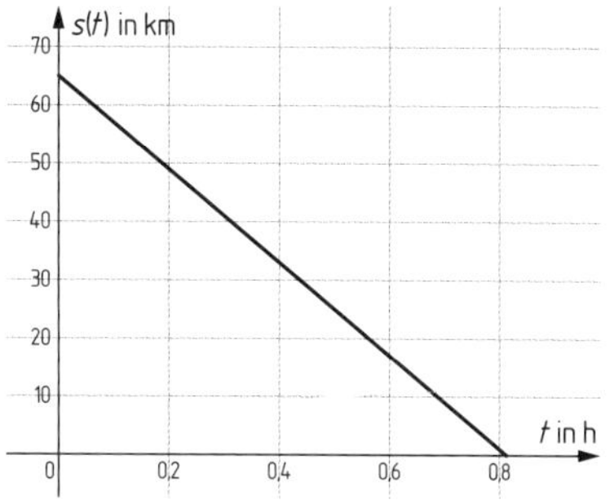

Notwendige Idealisierung: **1×B**
gerade ebene Straße, keine Veränderung der Geschwindigkeit während der gesamten Zeit. **4×C**
Das Auto war zu Beginn 65 km von der Stadt entfernt.
Nach einer halben Stunde ist das Auto nur mehr 25 km entfernt.
Nach einer Fahrzeit von insgesamt ca. 0,81 h ($\approx$ 49 Minuten) wird das Ziel erreicht.

b) $\frac{\Delta s}{\Delta t} = k = -80$ **1×B**
Dieser Wert entspricht der Geschwindigkeit des Autos $v = 80$ km/h.
Das negative Vorzeichen ergibt sich hier aufgrund der Bewegungsrichtung. Bei der Angabe der Geschwindigkeit wird üblicherweise nur der Betrag der Zahl, also der positive Wert verwendet. **1×D**

c) $s(t) = 120t$, t in Stunden (h), $s(t)$ in Kilometer (km) **1×A**
Wenn sich das Auto entfernt, so nimmt die Strecke laufend zu. Wenn die Geschwindigkeit konstant ist, dann liegt ein linearer Prozess vor. Die Steigung der Geraden entspricht der Geschwindigkeit.
Die Gerade geht durch den Ursprung des Koordinatensystems, wenn man davon ausgeht, dass nur die Bewegung auf der Autobahn beschrieben werden soll. **2×D**

3.A2 **a)** A ... Fläche in Hektar (ha)
$V(A)$ ... flächenabhängiger Verbrauch an Kraftstoff in Liter (ℓ).
Bei 150 ℓ im Tank können nur mehr ca. 11 ha gepflügt werden. **1×C**
(Für 22 Hektar benötigt man 303,6 ℓ.)

b) Die Änderungsrate gibt an, wie viel Treibstoff pro Flächeneinheit des Feldes verbraucht wird. Im vorliegenden Fall sind es 13,8 ℓ/ha. **1×D**

c) ca. 13,5 ℓ/h **1×A, 1×B**

3.A3 **a)** Der Stalaktit muss eine konstante Wachstumsgeschwindigkeit haben, dann kann das Wachstum als lineare Funktion dargestellt werden. **1×D**
Der Stalaktit wird nicht ewig weiterwachsen. Das bedeutet, dass die lineare Funktion nur in einem bestimmten Zeitintervall das Wachstum annähernd richtig beschreibt. Wegen des sehr langsamen Wachstums ist das Zeitintervall entsprechend groß.

b)

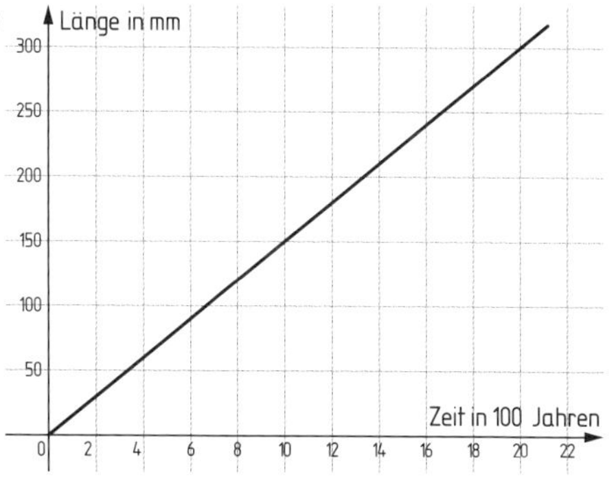

In 2 000 Jahren ist der Stalaktit ungefähr 3 dm lang. **1×A**

1×C

c) ca. 26 667 Jahre, bzw. rund 27 000 Jahre **1×A, 1×B**

3.A4 ***a)*** Die durchgezogene Linie ist nicht korrekt, wenn es sich um eine betriebswirtschaftliche Abschreibung handelt. Die Abschreibung erfolgt jährlich, daher müsste man eine Treppenfunktion zeichnen. Dennoch kann man die Gerade als Näherung ansehen und kann die jährlichen Werte korrekt ablesen. **1×D**
Der tatsächliche Restwert kann auch unterjährig ungefähr bestimmt werden, trotzdem nimmt der Wert natürlich nicht exakt linear ab.

b) Die Firma schafft die Maschine für 15.000 € an. Die Maschine wird 5 Jahre lang jährlich mit 3.000 € abgeschrieben. Die Nutzungsdauer für diese Maschine beträgt also 5 Jahre. **3×C**

c) $B(t) = 15\,000 - 3\,000t$; $D = \{x \in \mathbb{N} \mid 0 \leq x \leq 5\}$ **1×A**
t ... Zeit in Jahren; $B(t)$ ... Wert der Maschine nach t Jahren in Euro (€) **1×B**
Nach 4,5 Jahren beträgt bei dieser angenäherten Funktion der Wert der Maschine 10 % des Anschaffungswerts.

3.A5 ***a)***

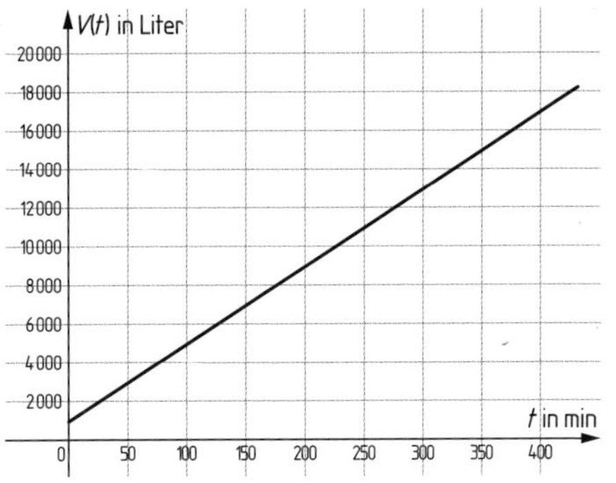

Volles Becken: 20 000 Liter **1×A**
10 000 Liter sind nach ca. 225 Minuten $= 3\frac{3}{4}$ Stunden im Becken. **1×C**

b) $V(t) = 940 + 40t$ **1×A**
t ... Zeit in Minuten; $V(t)$ ... Wasservolumen nach t Minuten in Liter. **1×B**
Nach 1 Stunde (= 60 min) sind 3 340 Liter im Becken.

3.A Test ***a)*** D ist richtig. **1×C**
Im genannten Zeitraum verläuft nach dieser Darstellung das Wachstum der Weltbevölkerung linear. **1×D**

b) C kann mit einem linearen Modell beschrieben werden. **1×C**
Die Änderungsrate ist konstant. **1×D**

c) D beschreibt die lineare Abschreibung richtig. **1×C**
D berücksichtigt in der diskreten Darstellung die Änderung des Werts des Wirtschaftsguts nur am Ende jeden Jahrs. **1×D**

d) $1 \rightarrow C$; $2 \rightarrow B$

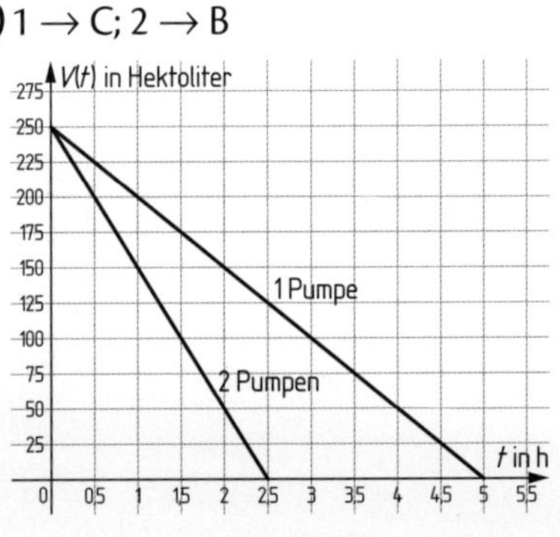

$k_1 = -50$, $d_1 = 250$, **1×B**
doppelt so schnell $\Rightarrow$ $k_2 = -100$ **2×C**

Durch Ausmultiplizieren erhält man: **2×D**
1: $V(t) = 250 - 50t \rightarrow C$
2: $V(t) = 250 - 100t \rightarrow B$

e) A ist richtig. **1×C**
A: 150, 153, 156 usw. $150 + 3 \cdot t$ **1×D**

3.B1 ***a)*** $\ln\frac{p}{p_0} = -\frac{h}{7\,990}$ **1×B**
$h = -7\,990 \cdot \ln\left(\frac{p}{p_0}\right)$

b) **1×B**

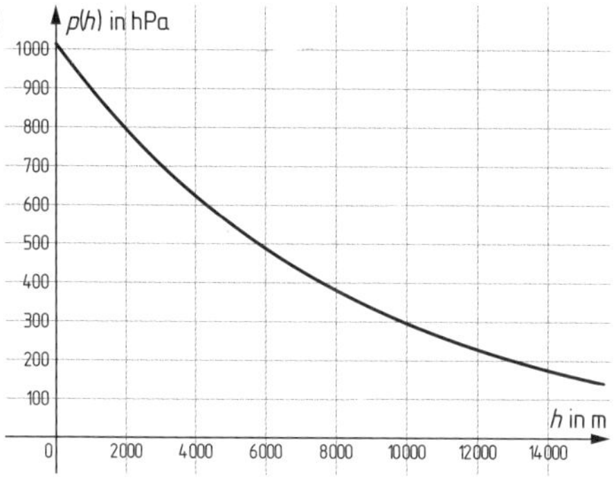

Der Luftdruck nimmt mit zunehmender Höhe zu Beginn stark ab. Bei 2 000 m ist der Druck bereits um ca. 200 hPa geringer. Bei sehr großer Höhe ist die Abnahme pro Höheneinheit nicht mehr so stark. Von zB 10 000 m auf 12 000 m beträgt die Abnahme nur ca. 60 hPa. **1×D**

c) $p(2\,900) = 704{,}66$ hPa **1×A**
$h(780) = 2\,088{,}4$ m
Der Druck bei 2 900 m beträgt ca. 705 hPa. **1×B**
Durch die Reduktion der Höhe gelangt das Flugzeug in eine Zone mit höherem Luftdruck.
Das Flugzeug fliegt in einer Höhe von ca. 2 090 m, wenn der Luftdruck 780 hPa beträgt. **1×B**

3.B2 ***a)*** $N_0 = 200$ **2×B**
$400 = 200 \cdot e^{\lambda \cdot 30}$
$\lambda = 0{,}0231$
$N(t) = 200 \cdot e^{0{,}0231t}$ **1×C**
Die Wachstumskonstante ist positiv, es handelt sich um eine exponentielle Zunahme mit $a = e^{\lambda} = 1 + 0{,}01p$, also $p \approx 2{,}3$ % pro Minute.

b) Ein möglicher Text: **1×A**
Zu Beginn der Beobachtung waren 1 000 Bakterien vorhanden.
Die Verdoppelungszeit beträgt 1 Stunde.
Grafik: **1×B**

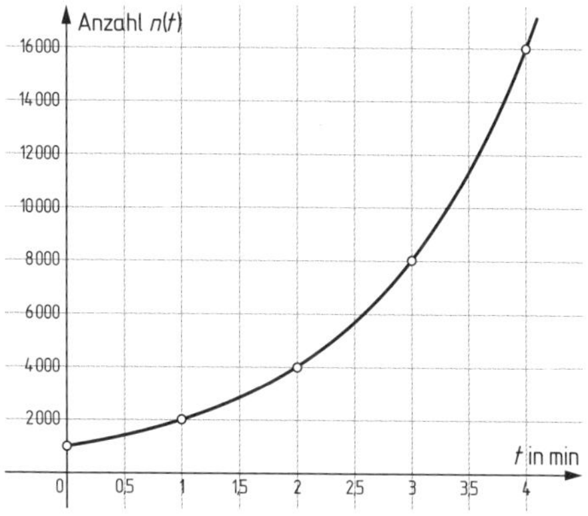

Es handelt sich um eine exponentielle Funktion mit positiver Wachstumskonstante λ und einen Wachstumsfaktor a, der größer als 1 ist. **1×D**
Pro Stunde verdoppelt sich die Anzahl, Wachstumsfaktor ist 2, das sind 100 % Wachstum pro Stunde. **3×C**
Wachstumskonstante $\lambda = \ln 2 = 0{,}693$
$N(t) = 1\,000 \cdot 2^t$ oder $= 1\,000 \cdot e^{0{,}693t}$

c) $\ln 920\,483 = \ln 3 \cdot \frac{t}{20}$ **1×B**

Nach 250 Minuten hat die Kultur 920 483 Bakterien, wenn ihre Anfangsmenge $N_0 = 1$ beträgt.

$3^{\frac{1}{20}} = e^{\lambda} = a$ ... Wachstumsfaktor **1×C**

$a = 1{,}05646...$ ($\approx$ 5,65 % pro Minute) **1×B**

$\lambda = \ln a = 0{,}0549...$ Wachstumskonstante

$\tau_2 = \frac{\ln 2}{\lambda}$

$\tau_2 = 12{,}618...$ Minuten (12 Minuten und 37 Sekunden)

3.B3 ***a)*** Tabelle: **1×A** **1×C** **1×B**

0	3 000
20	6 000
40	12 000
60	24 000
80	48 000
100	96 000
120	192 000

Wachstumsfaktor pro Stunde:

$a = \frac{24\,000}{3\,000} = \frac{192\,000}{24\,000} = 8$

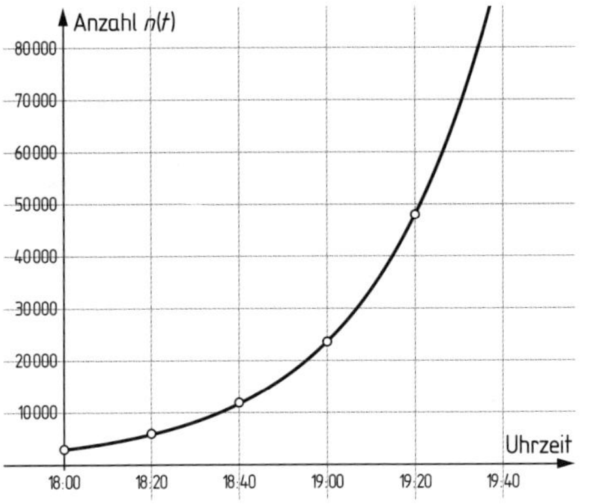

b) $2\,000\,000 = 2\,500 \cdot e^{2{,}1t}$ **1×B**

$2{,}1t = \ln 800$

$t = 3{,}183...$ Stunden (3 Stunden 11 Minuten)

Wenn der Salat in dieser Umgebung 3 Stunden und 11 Minuten stehen bleibt, dann sind 2 Millionen Salmonellen zu erwarten.

3.B4 ***a)*** $I(d) = I_0 \cdot e^{\lambda d}$ oder $I(d) = I_0 \cdot a^d$ **1×A**

$\lambda = \frac{\ln 0{,}5}{\delta} = \frac{\ln 0{,}5}{9} = -0{,}077$ oder $a = \sqrt[\delta]{0{,}5} = \sqrt[9]{0{,}5} = 0{,}9259$

$I(d) = 100 \cdot e^{-0{,}077d}$ oder $I(d) = 100 \cdot 0{,}9259^d$ **1×B**

$0{,}1 = 100 \cdot e^{-0{,}077d}$ oder $0{,}1 = 100 \cdot 0{,}9259^d$

$d \approx 89{,}7$ cm

b)

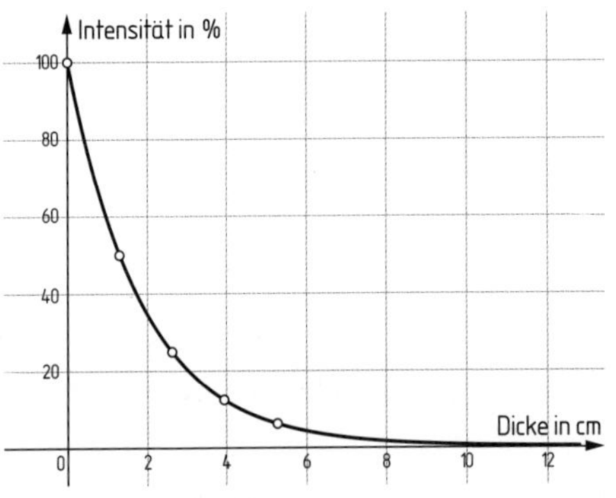

Eine 5 cm dicke Schicht lässt noch eine Intensität von ca. 7 % durch. **1×B**

Daher würde diese Schicht nicht ausreichen. **1×D**

c) Halbwertsdicke: 1,9 cm **4×C**

Schichtdicke: ca. 6,4 cm

Intensität bei 5 cm: ca. 17 %

Funktion I mit $I(d) = 100 \cdot e^{\frac{\ln 0{,}5}{1{,}9} \cdot d}$ (bzw. $I(d) = 100 \cdot 0{,}6943^d$)

3.B Test

a) B ist richtig. **1×C**
Der Wachstumsfaktor beträgt $a = 0{,}5^{0,1} \approx 0{,}933$. **1×D**
Das ist eine Funktion mit rund 6,7 % Abnahme.

b) C ist richtig. **1×C**
Der Prozess hat den Abnahmefaktor $a = 0{,}8$. **1×B**
$4 \cdot 0{,}8^2 = 2{,}56$

c) E ist richtig, denn $5^{2t} = 25^t$. **1×C**
Für $t = 0$ gilt $f(0) = 1$ und für $t = 2$ gilt $f(2) = 625$. **1×B**

d) $1 \rightarrow$ C: $\tau_{1/2} \approx 6{,}5$ d **2×C**
Ablesung erfolgte bei $N(t) = 2$. **2×D**
$2 \rightarrow$ B: $\tau_{1/2} \approx 3$ d
Ablesung erfolgte bei $N(t) = 2$.

e)

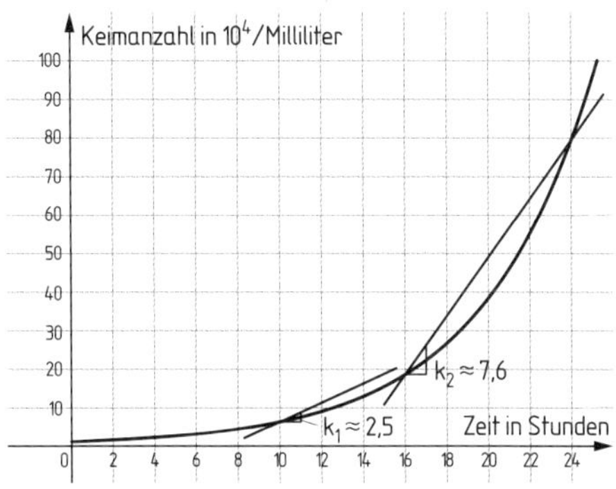

Mittlere Änderungsraten in I_1 bzw. I_2
$1 \rightarrow$ B; $2 \rightarrow$ C **2×B**
2×C
$k_1 \approx 2{,}5 \cdot 10^4$ Keime pro ml in 1 Stunde in I_1 **1×D**
$k_2 \approx 7{,}6 \cdot 10^4$ Keime pro ml in 1 Stunde in I_2

f) $1 \rightarrow$ A, denn $f(0) = 1$ und $f(1) = 4^{0,5} = 2$ ... das Doppelte von $f(0)$ **2×C**
$2 \rightarrow$ D, denn $f(0) = 2$ und $f(1) = 32$ ... das 16-Fache von $f(0)$ **2×D**

g) E ist richtig. **1×C**
Der Exponent ist $-t$ auf der Basis 5 und beschreibt eine exponentielle Abnahme. **1×D**

3.C1

a) **1×B**

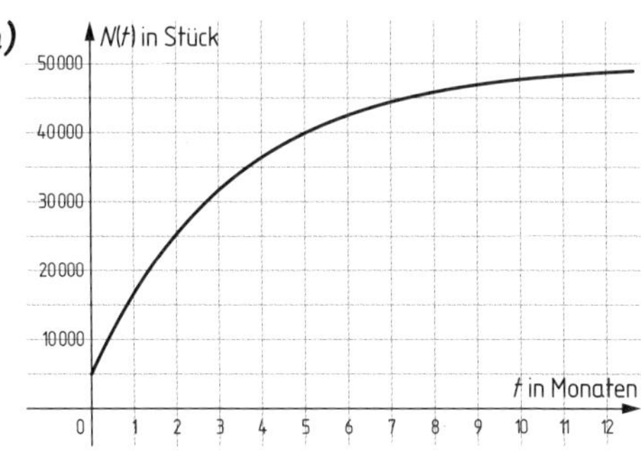

b) Sofortiger Verkauf: $N(0) = 5\,000$ Stück, Kapazitätsgrenze: 50 000 Stück **3×C**
25 303 – 16 663 = ca. 8 640 Stück Zuwachs der Verkaufszahlen im 2. Monat. **1×B**
48 770 – 48 340 = ca. 430 Stück Zuwachs der Verkaufszahlen im letzten Monat des 1. Jahrs.
Der monatliche Zuwachs nimmt kontinuierlich ab.
Die Sättigungsmenge entspricht dem oberen Grenzwert $S = 50\,000$ Stück.

c) Es ist nicht realistisch, dass man die Hälfte im 1. Halbjahr verkauft, es wird wesentlich mehr als die Hälfte verkauft, denn zu Beginn sind die jährlichen Wachstumsraten sehr viel höher als im 2. Halbjahr. **1×D**

Berechnung: Verkaufszahlen für $t = 6$: $N(6) = 50\,000 - 45\,000^{-0,3 \cdot 6} = 42\,562$ **1×B**

3.C2 a) $t = -\frac{\ln\left(\frac{95 - A}{71,25}\right)}{0,67}$ **1×B**

$A = 94,99\ \text{cm}^2 \Rightarrow$ in 13,24 Tagen, dh. am 14. Tag. **1×B**

Genau 95 cm² werden nach diesem Modell erst nach unendlich vielen Tagen erreicht. **1×D**

b) Der obere Grenzwert bestimmt die Fläche der Petrischale $A = r^2\pi = 95$. **1×C**

$d \approx 11$ cm **4×B**

$a = e^{\lambda} = 0,5117$

Zunahme vom 3. auf den 4. Tag: $90,115 - 85,453 = 4,66\ \text{cm}^2/\text{d}$

$A(5) = 92,5\ \text{cm}^2$

c)

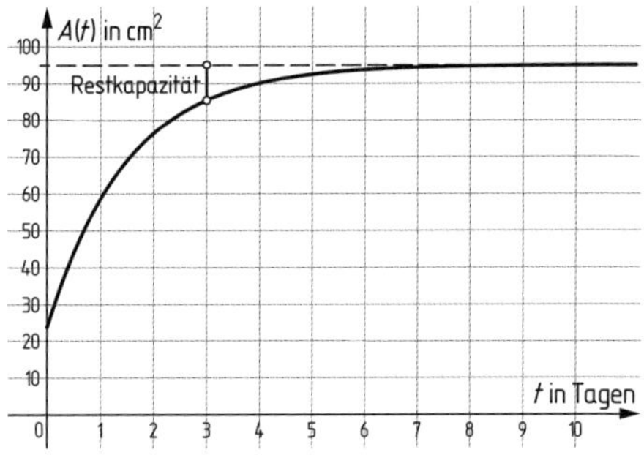

Restkapazität = Unterschied zwischen dem oberen Grenzwert und dem Funktionswert nach t Tagen. **1×B**

In der Grafik ablesbar: **1×D**

Ca. 10 cm² (genau 9,55 cm²) fehlen nach 3 Tagen noch auf 95 cm². **1×C**

3.C3 a) Mit 43 cm ist der Fisch ausgewachsen. **2×B**

7,3 cm fehlen nach 10 Monaten auf die volle Länge.

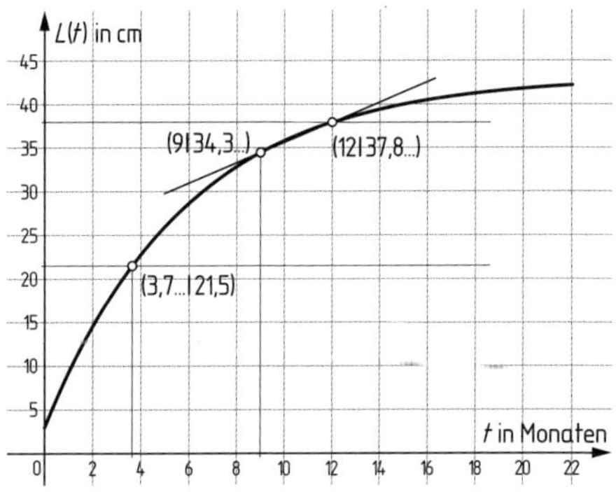

Nach ca. 3,7 Monaten ist der Fisch 21,5 cm lang. **1×B** **2×C**

Die mittlere monatliche Änderungsrate im 4. Quartal beträgt ca. 1,15 cm.

b) $L(t) = 58 - 57,3 \cdot e^{-0,06145t}$ **1×A**

3.C4 a) $T_Ü \approx 4$°C ... Temperatur auf dem Balkon **3×C**

$T_0 = 50$ °C ... Anfangstemperatur

$T(100) \approx 18$ °C.

b) *Man kann die in* **a)** *abgelesenen Werte oder 3 neue Werte verwenden. Das Ergebnis wird daher individuell unterschiedlich ausfallen.* **1×A**

Ergebnis mit den Werten aus **a)**:

$T(t) = 4 + 46 \cdot e^{-0,0119t}$

c) Die Temperaturänderungen pro Minute sind nicht konstant. Bei hohen Temperaturunterschieden zwischen dem Wasser und der Außentemperatur auf dem Balkon ist die Temperaturabnahme pro Minute größer als bei niederen Temperaturunterschieden. **1×D** **1×B**
zB Änderung in der 1. Minute rund –0,54 °C/min
Änderung in der 100. Minute: ca. –0,17 °C/min

3.C Test **a)** 1 ⟶ B: **2×C**
Die Sättigung ist bei ca. 2 000 Stück, die Zunahme erfolgt durchwegs degressiv. **2×D**
2 ⟶ A:
Die Sättigung liegt wieder bei ca. 2 000 Stück, die Zunahme erfolgt zu Beginn progressiv und anschließend degressiv bis zur Kapazitätsgrenze.

b) E ist richtig. **1×C**
S = 60 % von 150 000 = 90 000, $\lambda = -0{,}04$ ist die richtige Abnahmekonstante für die Restkapazität, ergibt ausgerechnet $90\,000 - 87\,300 \cdot e^{-0{,}04} = 9\,412$ **1×D**

c) D ist richtig.
Der Betrag der mittleren Änderungsraten in gleich breiten aufeinanderfolgenden Zeitintervallen nimmt bei einer oben beschränkten Zunahme laufend ab, weil die Steigung der Sekanten in den aufeinanderfolgenden Intervallen kontinuierlich geringer wird, bis sie beim Erreichen der oberen Grenz gegen null geht. **1×C** **1×D**

d) A ist richtig. **1×C**
Dies ist die einzige Formel, die ein degressives Wachstum beschreibt. **1×D**
Bei Berechnung stimmen die angegebenen Zahlenwerte.

e)

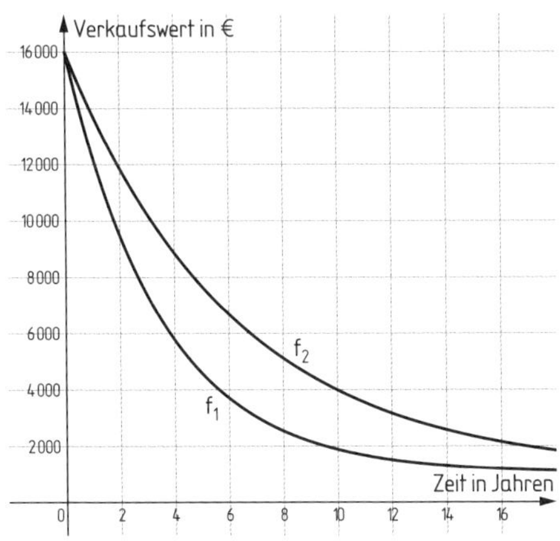

1 ⟶ A: **1×B**
$S = 1\,000$; $f(0) = 16\,000$; $f(1) = 12\,250$ **2×C**
Gleichung:
$12\,250 = 1\,000 + 15\,000b$
$\Rightarrow\ b = 0{,}75$ **1×B**

2 ⟶ D:
Der untere Grenzwert ist ebenfalls 1 000. Man kann das aus der gegebenen Gleichung ablesen, auch in der Grafik ist dies erkennbar. Die Abnahme von $f_2(t)$ erfolgt langsamer als $f_1(t)$. **1×D**

f) B ist richtig **1×C**
B: $S = 20$, $f(0) = 1$, $f(7) = 14{,}84...$ **1×B, 1×D**

3.D1 **a)** Es wurde fälschlich statt zu logarithmieren am Schluss die Wurzel gezogen. **1×B** **1×D**

$$N = \frac{S}{1 + c \cdot e^{\lambda t}}$$

$$N + Nc \cdot e^{\lambda t} = S$$

$$Nc \cdot e^{\lambda t} = S - N$$

$$e^{\lambda t} = \frac{S - N}{Nc}$$

$$t = \frac{1}{\lambda} \cdot \ln\left(\frac{S - N}{Nc}\right)$$

b) In die Gleichung für logistisches Wachstum setzt man die gegebenen Werte ein. **1×D**
$N(0) = 1\,000$ **2×B**
Weil eine Verdopplung nach 5,5 h vorliegt, folgt: $N = 2\,000$ bei $t = 5{,}5$ Stunden, $S = 10\,000$
Man erhält damit 2 Gleichungen, aus denen c und λ berechnet werden können.
$c = \frac{10\,000 - 1\,000}{1\,000} = 9;\ 2\,000 = \frac{10\,000}{1 + 9e^{\lambda \cdot 5{,}5}} \Rightarrow \lambda = -0{,}1474...$

c)

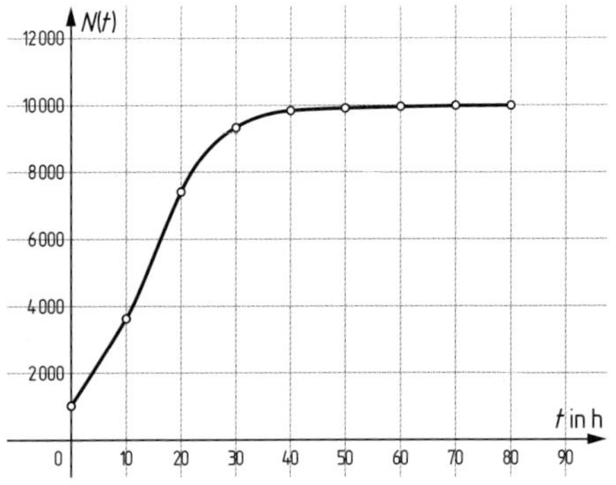

Der Anfangswert ist 1 000. **1×B**
Weil von Verdopplung die Rede ist, hat man nach 5,5 h 2 000. **1×C**
Die Obergrenze liegt bei 10 000. **1×D**
Die abgelesenen Werte stimmen mit der Grafik gut überein. Es handelt sich also näherungsweise um ein logistisches Wachstum.

3.D2 ***a)*** In einem Fischteich, der höchstens 2 000 Fischen Lebensraum bietet, hat man 200 Fische ausgesetzt. **3×B**
99 % erreicht man in der 125. Woche.

b)

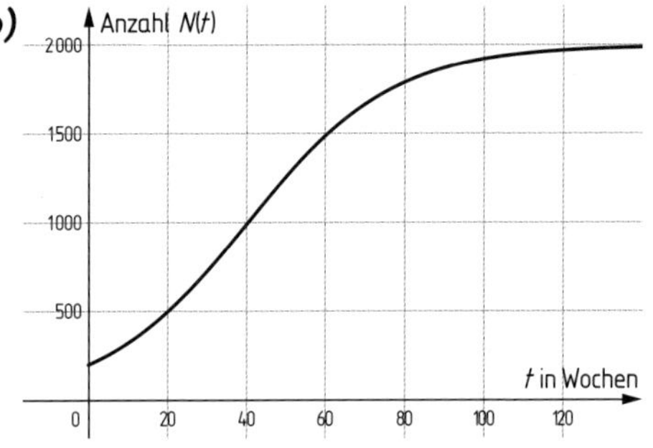

In der 41. Woche ist der wöchentliche Zuwachs am größten. **1×B** **1×C**
Er beträgt $f(41) - f(40) \approx 27{,}2$
Es gab in dieser Woche einen Zuwachs von ca. 27 Fischen.
Die mittlere wöchentliche Änderungsrate ist allerdings von der 37. bis zur 44. Woche ungefähr gleich groß, weil in diesem Zeitraum ein nahezu linearer Anstieg vorliegt.
$\frac{f(44) - f(37)}{7} = 27{,}102...$

c) Die Werte für das 5 %-ige Wachstum erhält man mit der Funktionsgleichung $N(t) = 200 \cdot 1{,}05^t$ **1×A**

Tabelle: Bis zur 12. Woche verlaufen die Funktionsgraphen annähernd gleich.

t	logistisches Wachstum	exponentielles Wachstum
0	200	200
2	220,4...	220,5
4	242,7...	243,1...
6	266,8...	268,0...
8	293,0...	295,4...
10	321,3...	325,7...
12	351,7...	359,1...
14	384,4...	395,9...
16	419,3...	436,5...
18	456,5...	481,3...

1×C

Die Werte der 2. Funktion beginnen nach $t = 12$ Wochen stärker zu steigen als die der logistischen Kurve. **2×D**

Bei der logistischen Kurve werden anschließend die wöchentlichen Zuwächse zwar auch noch größer, bis zum Wendepunkt der Kurve, der bei $t \approx 40$ Wochen liegt, ab da werden die Zuwächse geringer und bei Annäherung an den Grenzwert nahezu null.
Beim exponentiellen Wachstum werden die wöchentlichen Zuwächse dagegen Woche für Woche ständig größer.

3.D3 ***a)*** $c = \frac{400 - 20}{20} = 19$ **1×A**

25 % Zuwachs $\Rightarrow$ $t = 1$ und $N(1) = 25$, daher: **2×B**

$25 = \frac{400}{1 + 19 \cdot e^{\lambda}} \Rightarrow \lambda = -0{,}236...$

$N(t) = \frac{400}{1 + 19 \cdot e^{-0{,}236t}}$

b) Der Funktionsgraph entspricht der Angabe. **1×C**

Die Ablesung ergibt: $S = 400$, $N(0) = 20$ und $N(1) = 25$ **1×D**

c) Die mittleren jährlichen Änderungsraten in den angegebenen Intervallen betragen ungefähr 12, 20 bzw. 5 Stück. **1×C** **3×C**

Im ersten Intervall steigt die Zahl progressiv an.
Im 2. Intervall liegt ein stark progressives Wachstum ungefähr bis zum 13. Jahr vor, das ab dem 13. Jahr sich allmählich degressiv verhält.
Im 3. Intervall nähert sich die Zahl der Kapazitätsgrenze, die mittlere jährliche Änderungsrate ist daher entsprechend geringer.

3.D4 ***a)*** $N(t) = \frac{600\,000}{1 + 599e^{-3{,}45t}}$ **1×A**

t ... Zeit in Monaten; $N(t)$ ... Anzahl nach t Monaten **2×B**

Näherung durch eine Exponentialfunktion mit $(0|1\,000)$ und $(1|30\,000)$. **1×A**

$N(t) = 1\,000 \cdot e^{3{,}401t}$ (bzw. $N(t) = 1\,000 \cdot 30^t$) **1×B**

Die Funktionswerte passen nur bis ungefähr 1,25 Monate, dann weichen sie zunehmend vom logistischen Modell ab. **1×D**

b) Die Kapazitätsgrenze liegt bei 500 000 Stück. Nach dem logistischen Modell wird diese Grenze nie exakt erreicht. Wir fragen daher nach dem Zeitpunkt, wann 499 999 Stück verkauft werden. **3×B**
Im 24. Monat ist die Kapazitätsgrenze ungefähr erreicht.
Zu Beginn werden 2 500 Stück und nach 5 Monaten 99 440 Stück verkauft.
In dem gegebenen Intervall werden ca. 260 784 Stück verkauft.
Näherung durch eine lineare Funktion im angegebenen Intervall: **1×A**
$N(t) = 86\,928t - 335\,201$

3.D Test

a) B ist richtig. **1×C**
Die Wachstumsformel stimmt für ein logistisches Wachstum bei einer Kapazitätsgrenze von 3 500 Individuen. Die Zeit, in der sich 3 000 Individuen entwickelt haben, ist in der Gleichung die Variable. **1×D**

b) B ist richtig. **1×C**
Am Übergang vom progressiven in den degressiven Verlauf der logistischen Wachstumskurve ist notwendigerweise der größte Kurvenanstieg. **1×D**

c) Die beiden Funktionen unterscheiden sich nur durch die Konstante c, die durch S und $f(0)$ festgelegt wird. $S = 120$, daher erkennt man die richtige Funktion an $f(0)$. **1×C**
$1 \longrightarrow$ B ist die richtige Funktion. **1×D**
$f(0) \approx 10 \Rightarrow c = 10$
$2 \longrightarrow$ D ist die richtige Funktion. **1×B**
$f(0) \approx 20 \Rightarrow c = 5$

d)

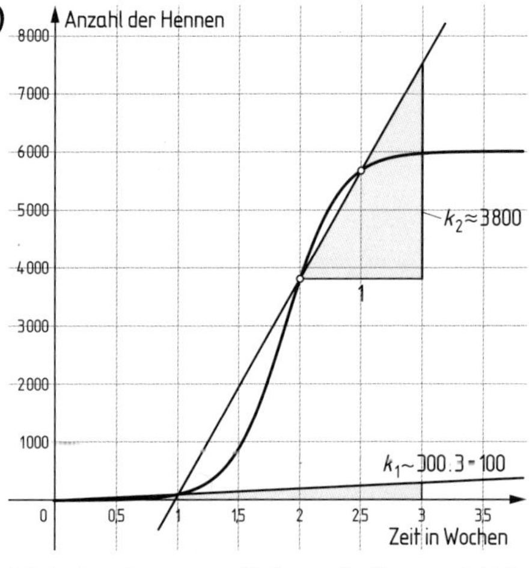

Die Steigung der Sekante gibt die mittlere Änderungsrate. **2×B** **2×C**
Im Intervall [0; 1] beträgt sie ca. 100 Tiere.
Im Intervall [2; 2,5] beträgt sie ca. 3 800 Tiere.

Ableseungenauigkeiten sind toleriert, erhebliche Abweichungen bei reinem Ablesen möglich!

Richtige Antwort D: Innerhalb von 3 Wochen sind fast alle Hennen infiziert worden. **1×C**

e) C ist richtig. **1×C**
Umgeformt: **1×B**
$f + f \cdot c \cdot a^t = S$
$a^t = \frac{S - f}{f \cdot c}$
$t \cdot \ln(a) = \ln(S - f) - \ln(f \cdot c)$
Durch Division durch $\ln(a)$ entsteht die angegebene Formel.

Lösung der Aufgabe zur mündlichen Reifeprüfung

a) Das Wachstum hängt vom Lebensraum und den darin vorhandenen Lebensbedingungen für die Tiergattung ab. Langfristig gesehen wird das räumlich begrenzte Schutzgebiet zwar die Vermehrung der Tiere fördern, aber auch nach oben hin einschränken.
Daher kann die Zahl der Tiere zwar anfänglich möglicherweise nach einem linearen oder einem exponentiellen Wachstum verlaufen, aber nicht unendlich steigen, wie es bei diesen beiden Wachstumsmodellen der Fall wäre. **1×D**

b) Aus $N(0) = 70$ folgt: $b = 1\,930$ **1×A**
Aus $N(4) = 124$ folgt: $\lambda = -0{,}007095$ **2×B**
$N(t) = 2\,000 - 1\,930 \cdot e^{-0{,}007095t}$
$N(20) \approx 325$
Nach 20 Jahren werden ungefähr 325 Tiere vorhanden sein.

c) **1×B**

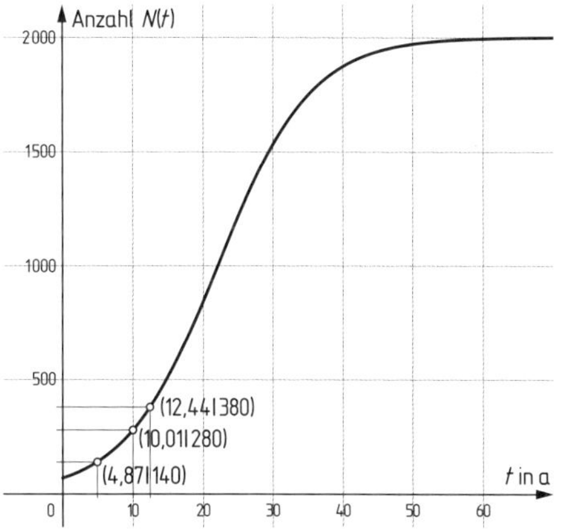

2×C

380 Tiere sind nach ca. $12\frac{1}{2}$ Jahren zu erwarten.
Die Verdopplungszeit zu Beginn von 70 auf 140 Tiere beträgt ca. 4 Jahre und 10 Monate.
Die Verdopplungszeit von 140 auf 280 Tiere beträgt ca. 5 Jahre und 2 Monate.
Die Verdopplungszeit ist nicht konstant.
Man kann beliebige Verdopplungszeiten wählen, um diesen Nachweis zu erbringen.

d) Beim beschränkten Wachstum gibt b die Restkapazität zu Beginn an.
$b = S - f(0)$

Beim logistischen Wachstum gibt c die Restkapazität zu Beginn im Verhältnis zum Anfangswert an. **2×D**

$c = \frac{S - f(0)}{f(0)}$

4.A1 **a)** $I_n(n) = 100 \cdot \left(1 - \frac{p}{100}\right)^n$ **1×A**

b)

n	0	1	2	3	4	5	6
I_n in %	100	92	84,64	77,87	71,64	65,91	60,64

1×A

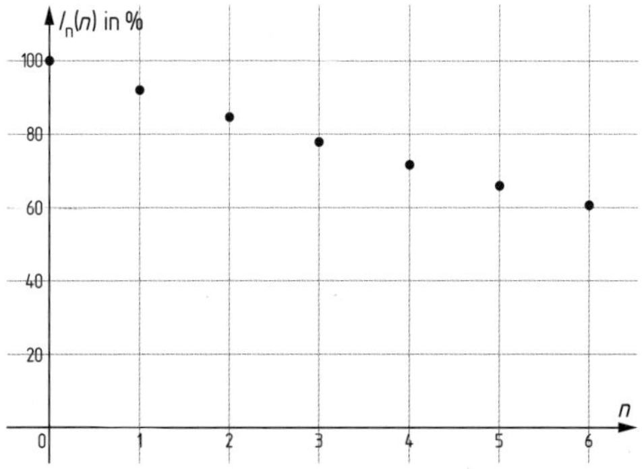

1×B

c) $20 = 100 \cdot 0{,}92^n \Rightarrow n = 19{,}3$; also nach 20 Platten **1×B**

4.A2 **a)** Jede Bleiplatte vermindert die Intensität, die bereits von der vor ihr befindlichen Platte geschwächt worden war.
Mathematisch gesehen muss die Intensität, die jeweils durch eine Platte durchgelassen wird, mit $\left(1 - \frac{p}{100}\right)$ multipliziert werden. Da der Faktor von Platte zu Platte gleich bleibt, entspricht dies der Definition einer geometrischen Folge. **1×D**

b) $I_n = 100 \cdot 0{,}82^n$ **1×A**
$B = \langle 100\ \%; 82\ \%; 67{,}24\ \%; 55{,}14\ \%; 45{,}21\ \%; 37{,}07\ \% \rangle$ **1×B**

c)

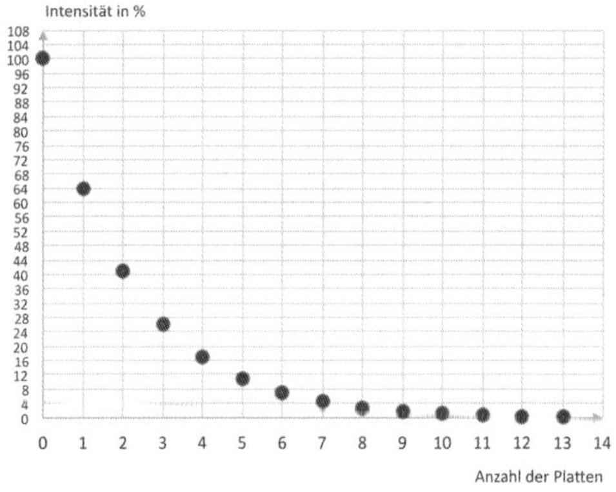

Man benötigt ca. 9 Platten. **1×B**

1×C

4.A3 **a)** B = ⟨1 500; 1 650; 1 815 ...⟩
$q = 1{,}1$ **1×D**
Je zwei aufeinanderfolgende Streckenverhältnisse sind gleich. Daher handelt es sich um eine geometrische Folge.

b)

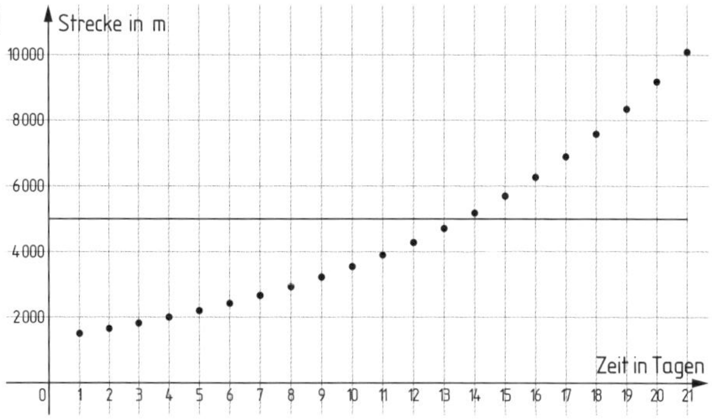

Am 14. Trainingstag schwimmt Franziska über die 5 km-Marke. **1×A** **1×B**

1×C

c) Es gilt: $x_n = 1\,500 \cdot 1{,}1^{n-1}$ **1×A**

Daraus erhält man $n = \frac{\ln x_n - \ln 1\,500}{\ln 1{,}1} + 1$

(Es sind auch andere Schreibweisen möglich.) **1×B**

Franziska erreicht am 21. Tag die 10 km-Marke. **1×B**

4.A4 **a)** Zwei aufeinanderfolgende Oktaven müssen einen gleich großen Quotienten aufweisen, wenn eine geometrische Folge vorliegt. **1×C** **1×D**

Die Oktaven unterscheiden sich definitionsgemäß in der Tonhöhe jeweils um den Faktor 2. Daher liegt eine geometrische Folge vor.

b) $f(n) = 27{,}5 \cdot q^{n-1}$ **1×A**

Bestimmung von q mithilfe des Punkts $(13|55)$: $55 = 27{,}5 \cdot q^{12} \Rightarrow q = 2^{\frac{1}{12}} = 1{,}059...$

Formel: $f(n) = 27{,}5 \cdot (\sqrt[12]{2})^{n-1}$ **1×B**

Auf der 70. Taste beträgt die Tonhöhe: 1 479,98 Hz **1×B**

c) Man setzt die Punkte $(49|440)$ und $(37|220)$ in die allgemeine Formel der geometrischen Folge $f(n) = b_1 \cdot q^{n-1}$ ein: **2×C**

$440 = b_1 \cdot q^{48}$

$220 = b_1 \cdot q^{36}$ **2×B**

$\Rightarrow q = \sqrt[12]{2}$ und $b_1 = \frac{440}{q^{48}}$

Daher gilt:

$f(n) = \frac{440}{q^{48}} \cdot q^{n-1} = 440 \cdot (\sqrt[12]{2})^{n-49}$

Es gelten auch andere Lösungswege, die sinngemäß richtig sind, vor allem auch:

Wir nehmen die Formel und ersetzen $n - 1$ durch $n - 49$, wenn statt der 1. die 49. Taste als Ausgangsbasis genommen wird.

Dann gilt: $440 = 220 \cdot q^{12}$, und daraus folgt $q = \sqrt[12]{2}$.

4.A Test **a)** D ist eine geometrische Folge. **1×C**

Sie hat jeweils den Quotienten von 2 aufeinanderfolgenden Gliedern gleich: **1×B**

$q(D) = \frac{1}{3}$ **1×D**

b) C ist richtig. **1×C**

Es gilt nämlich: $3 \cdot 0{,}5^{n-1} < 0{,}01 \Rightarrow n > 9{,}228...$ **1×A**

Das 10. Glied ist das erste unter 0,01. **1×B**

c) C ist richtig. **1×C**
Es gilt nämlich: $1 \cdot q^4 = 256 \Rightarrow q = 4$, der Quotient von aufeinanderfolgenden Gliedern ist konstant. **1×D**

d) 1 ⟶ A.
Begründung: für $n = 0 \Rightarrow a_0 = 2$, mit $q = 1{,}2$ ist es eine steigende geometrische Folge, **2×C**
daher A. **2×B**
Probe: $n = 6 \Rightarrow a_6 = 5{,}97 \approx 6$ stimmt. **2×D**
2 ⟶ B.
Begründung: $n = 0 \Rightarrow a_0 = 0$, $a_6 = 7{,}38$

e)

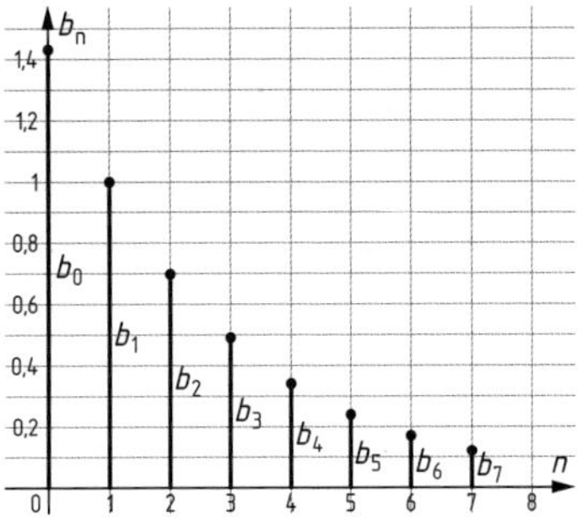

A ist richtig. **1×B**
Der Quotient zweier aufeinanderfolgender Glieder **1×C**
ist konstant, daher geometrische Folge. **1×D**

f) 1 ⟶ D, denn $b_0 = 1$, $b_1 = 1{,}5$; $q = \frac{3}{2}$ **2×C**

2 ⟶ B, denn $b_0 = 6$, $b_1 = 4 \Rightarrow q = \frac{4}{6} = \frac{2}{3}$ **2×D**

4.B1 **a)** Barwert zu 1: 20.200 € **1×B**
Barwert zu 2: 20.491,97 €
Unterschied: 291,97 € **1×D**
Der Barkauf ist für Toni günstiger.

b) Weil Toni den halben Preis sofort bezahlt, dieser Betrag höher ist als das Drittel beim 2. Angebot und die restlichen Teilbeträge kleiner sind, hat der Händler einen kleinen Zinsvorteil (ca. 5 €) gegenüber dem 2. Angebot. **1×D**

c) Ansatz: $20\,600 = 10\,500 + \frac{10\,500}{r^2} \Rightarrow i = 1{,}96\,\%$. **1×A, 1×B**

4.B2 **a)** $K_{10} = 30\,250 \cdot (1 + 0{,}0175 \cdot 0{,}75)^5\,(1 + 0{,}0125 \cdot 0{,}75)^5 = 33\,830{,}10$ **1×A**
Lina kann 33.830,10 € nach 10 Jahren abheben. **1×B**

b) Zunächst ist die Zinsverminderung durch den Abzug der KESt zu berücksichtigen. **1×D**
Bei der Verzinsung multipliziert man jeweils mit den Aufzinsungsfaktoren.
Den zu beiden Zinssätzen gleichwertigen mittleren Zinssatz berechnet man daher über die Aufzinsungsfaktoren mit der Gleichung $r^{10} = (r_1 \cdot r_2)^5$.
Das führt zum geometrischen Mittelwert: $r = \sqrt{r_1 \cdot r_2}$
$r_1 = 1{,}013125$; $r_2 = 1{,}009375 \Rightarrow$ Der mittlere Zinssatz beträgt rund 1,1248 %. **1×B**

c) Der Zinssatz wird 3-mal geändert, und zwar jedes Mal gesenkt. **2×C**
Der Endwert beträgt ungefähr 41.800 €. *(Ungefähre Ablesung genügt.)*

4.B3 **a)** $1{,}8 \cdot 0{,}75 = 1{,}35$ … Zinssatz, der die KESt berücksichtigt. **1×A**
K_{10} vor KESt: 20.320,14 €
K_{10} nach KESt: 19.439,56 € **1×B**
Gesamte Steuerbelastung in 10 Jahren: 880,58 €.

b) $K_n = 17\,000 \cdot 1{,}018^n$ **1×B**

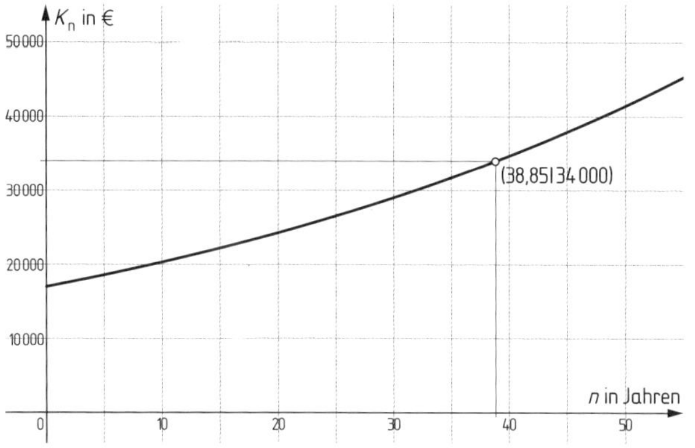

Nach 38 Jahren und ca. 10 Monaten sind die Zinsen gleich groß wie das Anfangskapital. **1×C**

c) $9\,578{,}75 = 17\,000 \cdot 1{,}018^{10} - x \cdot (1{,}018^5 + 1{,}018^3)$ **1×A**
$x = 5\,000$
Es wurden jeweils nach 5 und nach 7 Jahren 5.000 € abgehoben. **1×B**

4.B4 **a)** Nach 8 Jahren beträgt der Unterschied des Endwerts bei unterjähriger Verzinsung mit relativem unterjährigen Zinssatz zur jährlichen Verzinsung mit nominellem Zinssatz ungefähr 1.000 € (genau 1.233,10 €). **1×C**
Der Endwert wird bei jährlicher Verzinsung mit Nominalzinssatz kleiner als bei Verzinsung mit relativen Monatszinsen von 1 % p.m. 12-mal pro Jahr. Diese Differenz vergrößert sich durch Zinseszins in jedem weiteren Jahr. Daher wird der Unterschied zwischen beiden Kurven größer, je öfter das Kapital verzinst wird. **1×D**
Rechnerisch lässt sich dies schnell nachweisen, da der zu 12 % p.a. äquivalente Monatszinssatz $i_{12} = \sqrt[12]{1{,}12} - 1 \approx 0{,}95$ %, also geringer als die relativen Monatszinsen von 1 % ist.

b) 66 Monate, $i_{12} = 1$ % **1×B**
$K_{22} = 10\,000 \cdot 1{,}01^{66} = 19.284{,}60$ €

c) Jenen Jahreszinssatz, der durch das mehrmalige Verzinsen mit Zinseszins mit dem unterjährigen Zinssatz entsteht, nennt man den äquivalenten Jahreszinssatz. Er ist etwas höher als der nominelle Jahreszinssatz, aus dem durch einfaches Dividieren die unterjährigen Zinssätze gebildet werden. **2×D**
$i_{nom} = m \cdot i_m$ mit $m = 2$ für Semester, $m = 4$ für Quartale, $m = 12$ für Monate
$i = (1 + i_m)^m - 1$
Für den vorliegenden Fall gilt: $m = 12$
$i_{12} = 0{,}01 \Rightarrow i = 12{,}68$ %

4.B Test **a)** B ist richtig. $K_2 = 1{,}03^2 \cdot K_0$ **1×C**
$1{,}03^2 = 1 + 0{,}0609$ **1×D**

b) D ist richtig. **2×C**

Die Formel lautet $K_n = K_0 \cdot (1 + 0{,}01p)^n$

Durch Umformung erhält man: **2×B**

$\frac{K_n}{K_0} = (1 + 0{,}01p)^n$ | Logarithmieren

$\ln\left(\frac{K_n}{K_0}\right) = n \cdot \ln(1 + 0{,}01p)$

$n = \frac{\ln\left(\frac{K_n}{K_0}\right)}{\ln(1 + 0{,}01p)}$ **2×D**

c) C ist richtig. **1×C**

Die jährlichen Zinsen i werden um 25 % vermindert ($0{,}75i$) und mit den verminderten Zinsen wird das Endkapital durch Zinseszins berechnet. **1×D**

d) 1 → A: **2×C**

Der zu den Quartalszinsen äquivalente Jahreszinssatz wird durch Potenzieren mit der Hochzahl 4 des Aufzinsungsfaktor $r_4 = 1 + i_4$ berechnet. Daher gilt Aussage A. **2×D**

2 → C:

Relative Quartalszinsen werden durch Division durch 4 aus den nominellen Jahreszinsen berechnet. Daher gilt die Aussage C.

e) **1×B**

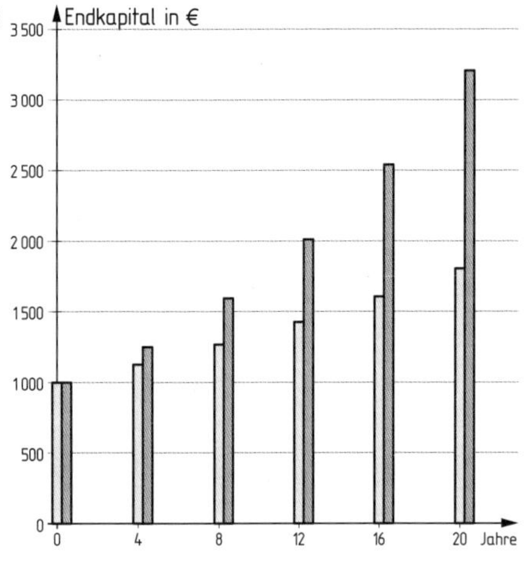

1×C

1×D

E ist richtig. Die geometrische Folge hat den Quotienten $q = 1{,}03$ und das 1. Glied beträgt 1 000.

f) 1 → D:

Für den Endwert nach 2 Jahren addiert man zu 20.000 € das 2 Jahre lang aufgezinste Kapital von 10.000 €. Dies ergibt den angegebenen Betrag. **1×C** **1×D**

2 → B:

Für den Barwert werden 10.000 € 1 Jahr und 10.000 € 2 Jahre abgezinst und zu den 10.000 € zu Beginn addiert. Dies ergibt gerundet den angegebenen Betrag. **1×C** **1×D**

4.C1 **a)** $E_6 = 82.919{,}63$ € **1×B**

b) Bis zum 3. Jahrgang werden 20.000 € verzinst und mit 14.000 € addiert. Die Summe wird anschließend weiter mit 2 % 3-mal aufgezinst. Dann werden dazu 24.000 € 2-mal mit 2 % aufgezinst und 20.000 € addiert. **1×D**

Formel: $E_6 = (20\,000 \cdot r_1^2 + 14\,000) \cdot r_2^3 + 24\,000 \cdot r_2^2 + 20\,000$

mit $r_1 = 1{,}025$ und $r_2 = 1{,}02$ **1×A**

c) 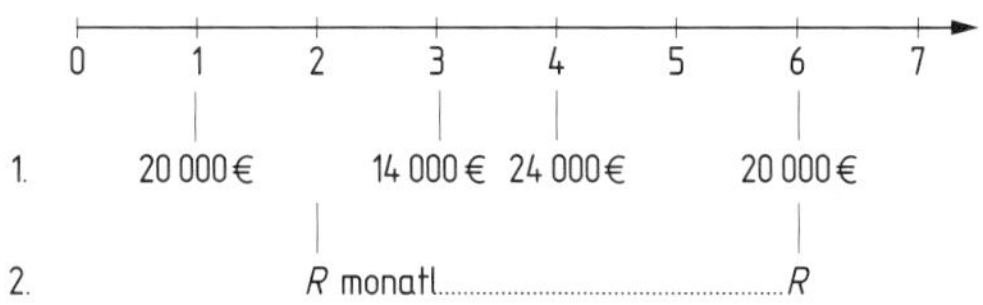

1×A

Bezugszeitpunkt: Ende 6. Jahr, $r = 1{,}02$; $r_{12} = \sqrt[12]{1{,}02}$ **1×A**

Berechnung mithilfe von Technologieeinsatz oder über die Ansatz-Gleichung. **1×B**

$20\,000r^5 + 14\,000r^3 + 24\,000r^2 + 20\,000 = R \cdot \frac{r_{12}^{48} - 1}{r_{12} - 1}$,

$\Rightarrow R \approx 1.641{,}08$ €

4.C2 a) 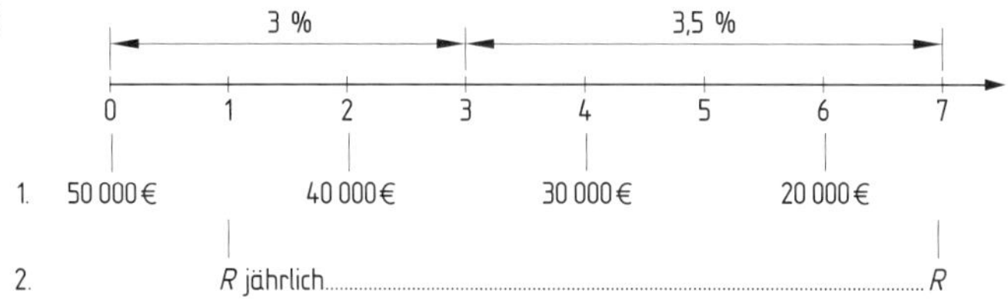

1×A

b) 161.246,47 € = Endwert der Rente **1×B**

Rate = 21.043,69 €

c) Mithilfe von Technologieeinsatz erhält man einen Zinssatz von 2,97 % p.a., also unter 3 %. **1×B**

Das entspricht nicht den Vorgaben des Verkäufers, die Rate muss um ca. 27 € erhöht werden. **1×D**

4.C3 a) Die Ansätze können sehr unterschiedlich sein. **1×C**

Eine mögliche Vorgangsweise:

r als Unbekannte $= 1 + i$, i der gesuchte Jahreszinssatz.

Aus r wird $r_{12} = \sqrt[12]{r} = x$ als Unbekannte definiert.

Man erhält die Gleichung:

$40 \cdot \frac{x^{120} - 1}{x - 1} \cdot x^{300} = 16\,410$ **1×A**

Mithilfe von Technologieeinsatz erhält man $x = r_{12}$, daraus durch Potenzieren r.

Aus r erhält man den Jahreszinssatz i.

b) Die erste Einzahlung erfolgt am Ende des 55. Lebensjahrs. **4×C**

Jährlich werden ca. 1.000 € eingezahlt.

Am Ende des 65. Lebensjahrs erfolgt die letzte Einzahlung.

Der Sparbetrag bei 11 Einzahlungen beträgt ca. 12.800 €.

Berechnung des ungefähren jährlichen Zinssatzes bei 11 nachschüssigen Einzahlungen mithilfe von Technologieeinsatz: ca. 3 %

c) Mithilfe von Technologieeinsatz erhält man für n rund 73 Auszahlungen von 250 €. **1×B**

Das reicht für ca. 6 Jahre und ist damit weit unter der Lebenserwartung. **1×D**

4.C4 ***a)*** Die staatliche Prämie macht in diesem Fall für alle Familienmitglieder 18 € pro Jahr aus.
Davon entfallen 5 € auf die Kontoführung.
Es ergibt sich eine nachschüssige Zusatz-Rente von 13 €.
Die angegebenen Zinssätze in der Zeitlinie sind vor KEST, in Klammern sind die Zinssätze nach KESt angeführt. **3×C**
Die Mutter und Karl zahlen vorschüssige Raten ein.

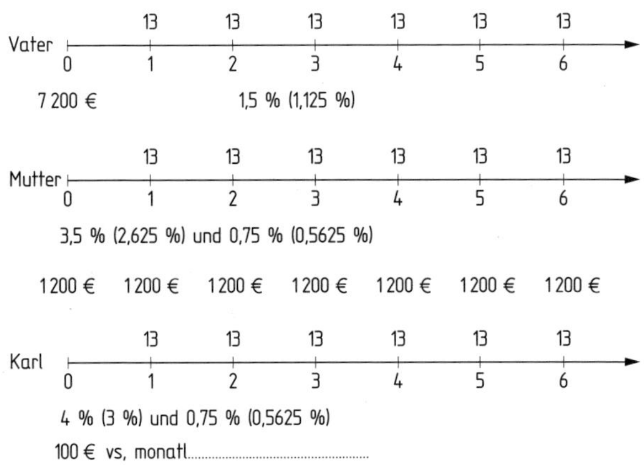

3×A

b) Die Formeln allgemein anschreiben und **Berechnung mithilfe von Technologieeinsatz genügt**.
In diesem Lösungsvorschlag sind in den Formeln als Eingabehilfe die Zahlen eingesetzt.

	vor KESt 1,5 %; 3,5 %; 4 %; 0,75 %	
	nach KESt 1,125 %; 2,625 %; 3 %; 0,5625 %	**1×A**
Vater	$7\,200 \cdot 1{,}01125^6 + 13 \cdot \frac{1{,}01125^6 - 1}{0{,}01125} \approx 7.780{,}10$ €	**1×B**
Mutter	$1\,200 \cdot 1{,}02625 \cdot 1{,}005625^5 + 1\,200 \cdot 1{,}005625 \cdot \frac{1{,}005625^5 - 1}{0{,}005625} +$ $+\, 13 \cdot \frac{1{,}005625^6 - 1}{0{,}005625} \approx 7.447{,}65$ €	**1×A**
Karl	Unterjährig äquivalente Zinssätze: 12. Wurzel aus den Aufzinsungsfaktoren berechnen und speichern. Endwert vom 1. Jahr mit 4 %: $100 \cdot 1{,}03^{\frac{1}{12}} \cdot \frac{1{,}03 - 1}{1{,}03^{\frac{1}{12}} - 1} \cdot 1{,}005625^5 \approx 1.254{,}10$ € Restliche Raten mit 0,75 %: $100 \cdot 1{,}005625^{\frac{1}{12}} \cdot \frac{1{,}005625^5 - 1}{1{,}005625^{\frac{1}{12}} - 1} \approx 6.086{,}35$ € Prämien: $13 \cdot \frac{1{,}005625^6 - 1}{0{,}005625} = 79{,}105...$ Gesamt: $\approx 7.419{,}55$ €	**1×B** **1×A** **1×B**

Die mathematisch ermittelten Werte stimmen bis auf geringe Abweichungen in den Nachkommastellen sehr gut mit den Werten der Tabelle überein. **1×D**

c) Zinssatz 1,25 · 0,75 verwenden. **1×B**
Mithilfe von Technologieeinsatz n berechnen:
73,33 Monate = 6,1 Jahre
In fast der gleichen Zeit hätte man bei dem gegebenen Zinssatz das Bausparergebnis erreicht.
Bei den niederen Zinssätzen hat das Bausparen daher keinen besonderen Vorteil.
Allerdings handelt es sich bei den Berechnungen um den gesicherten Mindestbetrag.
Die Zinsen beim Bausparen sind variabel und meist höher als 0,75 %. Daher muss man in jedem Fall die Bewertung an das jeweilige Zinsangebot ausrichten. **1×D**

4.C Test

a) D ist richtig. **1×C**
Es werden von den Zinsen 25 % abgezogen $\Rightarrow$ 0,9 %. Mit diesem verminderten Zinssatz berechnet man den Endwert von nachschüssigen Jahresraten. **1×D**

b) 1 → A: **2×B**
Für Josef formt man die Gleichung $5\,000 \cdot r \cdot \frac{r^n - 1}{r - 1} = 50\,000$ nach n um und man erhält die Gleichung von A.
2 → B:
Für Maria formt man die Gleichung $5\,000 \cdot \frac{r^n - 1}{r - 1} = 50\,000$ nach n um und man erhält die Gleichung von B. **2×D**
Bemerkung: Die Umformung der Gleichungen kann mithilfe von Technologieeinsatz erfolgen.

c) B ist richtig. **1×C**
Ausführung der Rechnung mithilfe von Technologieeinsatz oder:
Gleichung lösen: $2\,000 \cdot \frac{1{,}02^4 - 1}{0{,}02} = B \cdot 1{,}02^4 \Rightarrow B = 7.615{,}46$ € **1×B**

d) D ist richtig. **1×C**
Man erhält R aus der Umformung der Barwertformel für 5 nachschüssige Raten mit dem Barwert $B = 20\,000$. **1×D**

e)

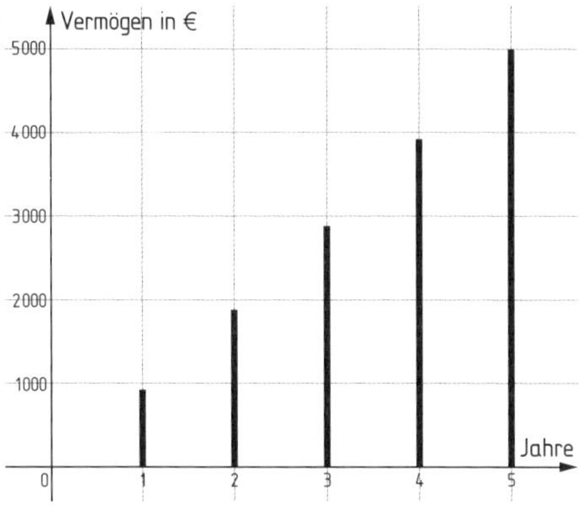

E ist richtig. **2×B**
Am Ende jeden Jahrs kommen die Zinsen und die jeweils neue Rate hinzu. **1×C** **1×D**
Die Höhe einer Rate wird mithilfe der Endwertformel für nachschüssige Renten ermittelt:
$5\,000 = R \cdot \frac{1{,}04^5 - 1}{1{,}04 - 1} \Rightarrow R = 923{,}14$ €

Bemerkung: Eine Darstellung in Form eines Funktionsgraphen mit der Funktionsgleichung $y = 923{,}14 \cdot \frac{1{,}04^n - 1}{1{,}04 - 1}$ *wäre ebenfalls als richtig anzusehen.*

f) 1 → C: **2×C**
Es handelt sich um den Endwert einer vorschüssigen Rente, Rate 500 € **2×D**
2 → B:
Es handelt sich um den Barwert einer nachschüssigen Rente, Rate 500 €

4.D1 **a)** Zinsgebühr pro Jahr: 2.975 € **1×A**
monatliche Rate: 244,03 € **2×B**

b) 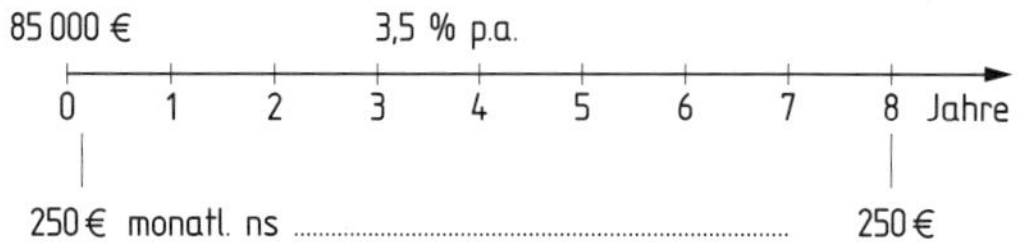

1×A

Man berechnet zuerst die Summe aller Raten und zieht diese vom Endwert der Schuld nach 8 Jahren ab. 1×C

Simone muss am Ende der Laufzeit noch 84.340,80 € bezahlen. Das bedeutet, dass sie mit der monatlichen Rückzahlung nur geringfügig mehr als die Zinsen beglichen hat. 1×B

c) Annuitäten werden so berechnet, dass ihr Endwert gleich der aufgezinsten Schuld ist. Es bleibt daher am Ende der Laufzeit nur mehr ein sehr geringer (gelegentlich sogar auch negativer) Restbetrag, der durch buchhalterisch mögliche/bedingte Rundungen entsteht. 1×D

Es gilt die Gleichung:

$85\,000 \quad 1{,}035^8 = A \cdot \frac{1{,}035^8 - 1}{0{,}035} \Rightarrow A = 12.365{,}51$ € 1×B

Die Schuld müsste bei der Annuitätentilgung in 8 nachschüssigen Jahresraten zu je 12.365,51 € beglichen werden. 1×C

4.D2 a) Ansatz: $8\,000 \cdot r^5 = A \cdot \frac{r^5 - 1}{\sqrt[12]{r} - 1}$ 1×A

$\Rightarrow A = 149{,}17$ € 1×B

b) Berechnung der Jahresrate mit dem Finanzlöser: 1.827,41 € 1×B

Restschuld nach der 2. Einzahlung 5.014,05 €

Jahr	Annuität	Zinsen	Tilgung	Restschuld
0				8 000,00
1	1 827,41	368,00	1 459,41	6 540,59
2	1 827,41	300,87	1 526,54	5 014,05
3	1 827,41	230,65	1 596,76	3 417,28
4	1 827,41	157,20	1 670,21	1 747,07
5	1 827,41	80,37	1 747,04	0,02

1×C

c) Es gilt die Beziehung: 1×D

Endwert der aufgezinsten Schuld = Endwert aller Ratenzahlungen plus Restzahlung zum Zeitpunkt der letzten Zahlung.

$8\,000 \cdot 1{,}046^5 - A \cdot \frac{1{,}046^5 - 1}{0{,}046}$

Wenn man die Annuität kennt, dann kann die Restschuld berechnet werden. 1×C

(Nicht verlangt: Im Falle von $A = 1\,827{,}41 \Rightarrow$ Restschuld ist 0,023 € wie aus dem Tilgungsplan in **b)** ersichtlich)

4.D3 a) Kaufpreis: 16.000 € 3×C

Sofortzahlung: 8.415 €

Restzahlung bei der letzten Zahlung: 6.000 €

b) Berechnung des Prozentsatzes:

Lösen der Gleichung mithilfe von Technologieeinsatz:

$(16\,000 - 8\,415) \cdot r^3 = 80 \cdot \frac{r^3 - 1}{\sqrt[12]{r} - 1} + 6\,000$ 1×A

$r = 1{,}06497... \Rightarrow$ Verzinsung rund 6,5 % p.a.

$16\,000 \cdot 1{,}065^3 = 19.327{,}20$ € ... Gesamtkosten des Autos 2×B

Ersparnis: 3.327,20 € 1×D

4.D4 **a)** Barwert der Schuld: 60.000 € **3×C**

Laufzeit: 10 Jahre

Zinssatz: 1,97 p.a. **1×B**

Restschuld mit der letzten Einzahlung rund 2 Cent.

b) **1×A**

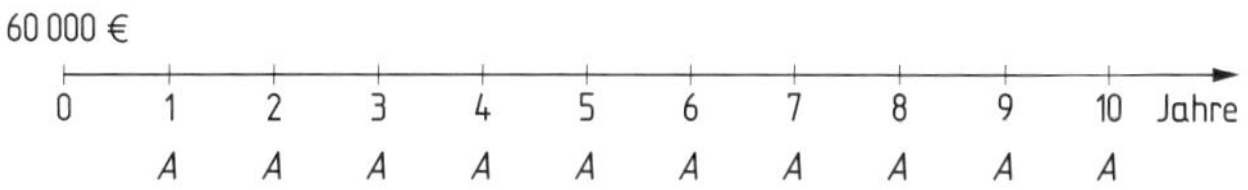

Annuitäten werden so berechnet, dass ihr Endwert gleich der aufgezinsten Schuld ist. Es bleibt daher am Ende der Laufzeit nur mehr ein sehr geringer Restbetrag, der durch buchhalterisch bedingte Rundungen entsteht.

Die Berechnung kann man über den Barwert mittels Finanzlöser durchführen oder man verwendet die Gleichung

$60\,000 \cdot 1{,}0197^{10} = A \cdot \frac{1{,}0197^{10} - 1}{0{,}0197}$ (Ergebnis nicht gefragt $\Rightarrow$ $A = 6.669{,}11$ €) **2×D**

c) $A = R \cdot \frac{r-1}{\sqrt[4]{r} - 1} \Rightarrow R = \frac{A \cdot (\sqrt[4]{r} - 1)}{r - 1}$ **1×A**

A ist der Endwert der Vierteljahresraten nach 1 Jahr

R ... die zu A äquivalenten Vierteljahresraten.

d) Der Tilgungsplan ändert sich nicht, die Kontoführungsgebühren werden jährlich extra angerechnet, so dass sich an den Zinsen und Tilgungsraten nichts ändert. **1×D**

4.D5 **a)**

Jahr	Annuität A	Tilgung T	Zinsen Z	Restschuld
0				70 000,00
1	7 243,88	4 793,88	2 450	65 206,12

Berechnung mithilfe von Technologieeinsatz **3×B**

b) **1×A**

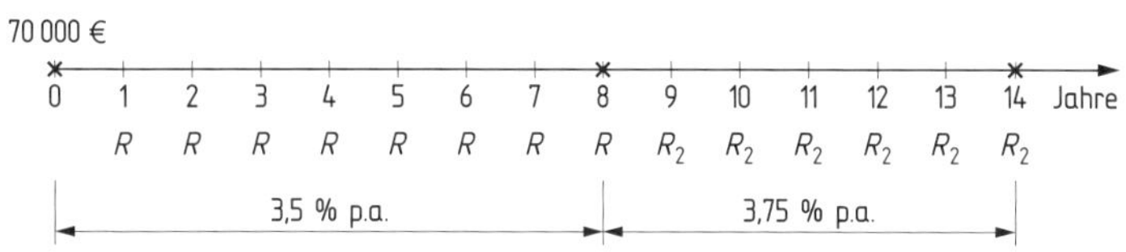

Berechnung mithilfe von Technologieeinsatz:

Der Restwert am Ende des 8. Jahrs 26.551,90 € entspricht dem Barwert der neuen Rente zu Beginn des 9. Jahrs. **2×B**

$R_2 = 5.023{,}94$ €

4.D Test **a)** A ist richtig. **1×C**

Die Annuität ist als jener Geldbetrag definiert, den der Schuldner zurückzahlt. **1×D**

Er besteht aus einem Teil, der die Restschuld vermindert (Tilgungsanteil) und aus dem Zinsanteil, den der Kreditgeber verlangt.

b) C ist richtig. **1×C**

Es werden in dieser Formel die Endwerte aller Raten von je 900 € dem aufgezinsten Wert des Kredits nach n Jahren gleichgesetzt. Daraus lässt sich n berechnen. **1×D**

c) D ist richtig. **1×C**

D: 0,41 % der Bausparsumme $\Rightarrow$ 410 € pro Monat. **1×D**

d) 1×B

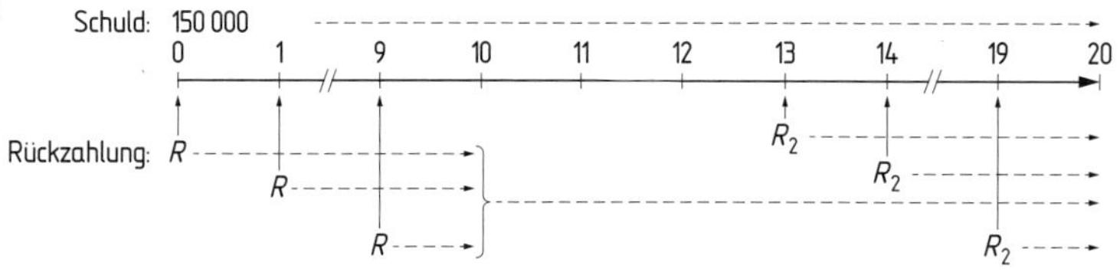

D ist richtig. 1×C

Es sind 4 vorschüssige Raten zu Beginn bezahlt worden, die man jeweils laut Grafik auf das Ende des 20. Jahrs aufzinst. 1×D

Ab Beginn des 10. Jahrs bis zum Beginn des 20. Jahrs werden 10 weitere vorschüssige Raten bezahlt, die ebenfalls bis zum Ende des 20 Jahrs aufgezinst werden.

In Summe ergeben beide Anteile die 20 Jahre aufgezinste Kreditschuld.

e) 1 ⟶ C: 2×C

Der Barwert entspricht der Restrate *R* 480 Monate abgezinst plus dem Barwert aller nachschüssigen 480 Einzahlungen von 300 €. Aus diesem Ansatz folgt die Formel *C* für *R*. 2×D

2 ⟶ B:

Der Barwert entspricht der abgezinsten Rate *R* (119 Monate) plus dem Barwert aller nachschüssigen Einzahlungen von 300 €. Aus diesem Ansatz folgt die Formel *B* für *R*.

Lösung der Quizaufgaben

1) rund 7.645 € 1×A, 1×B

2) rund 120,71 € 1×A, 1×B

3) rund 3.260,17 € 1×A, 1×B

4) rund 4.722,29 € 1×A, 1×B

5) nach rund 7 Jahren 1×A, 1×B

6) um 1 Semester länger 1×A, 1×B

Lösung der Aufgabe zur mündlichen Reifeprüfung

a) Man berechnet zunächst die durch die KESt verminderten Zinsen: **1×D**
$1{,}8\,\% \cdot 0{,}75 = 1{,}35\,\%$
Die Endwerte der einzelnen Zahlungen bilden eine geometrische Folge:
$5\,000 \cdot 1{,}0135^4$; $5\,000 \cdot 1{,}0135^3$; $5\,000 \cdot 1{,}0135^2$; $5\,000 \cdot 1{,}0135$
In Summe ergibt dies den Endwert aller Einzahlungen 20.684,17 €. **1×B**

b) Es sind 120 Raten. **1×A**
Der monatliche Aufzinsungsfaktor wird äquivalent umgerechnet: **1×B**
$r_{12} = \sqrt[12]{1{,}018}$ und in die entsprechende Barwertformel $B = 60\,000$ eingesetzt, oder man ermittelt mithilfe von Technologieeinsatz.
Ergebnis:
Die monatliche Rate beträgt 546,33 €.

c)

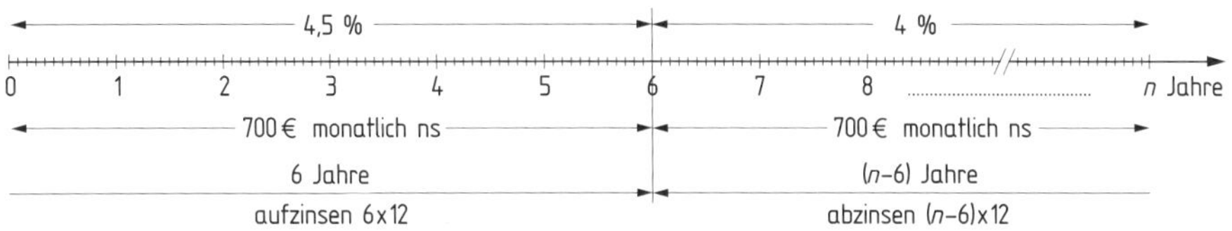

1×A

Man wählt am besten den Bezugspunkt am Ende des 6. Jahrs und berechnet den Endwert aller nachschüssigen Monatsraten mit dem monatlichen Aufzinsungsfaktor $r_{12} = \sqrt[12]{1{,}045}$. **2×D**
Diesen Endwert setzt man dem Barwert von $(n - 6)$ mal 12 nachschüssigen Monatsraten gleich.
Es wird mit dem Abzinsungsfaktor $\frac{1}{\sqrt[12]{1{,}04}}$ gerechnet.
Aus dieser Gleichung kann n mithilfe von Technologieeinsatz berechnet werden.

d) Annuität: Rate bei 10 Jahren, wobei 50.000 € den Barwert darstellt, 4,5 % p.a. Zinsen **1×D**
$50\,000 = \frac{A}{r^{10}} \cdot \frac{r^{10} - 1}{r - 1} \Rightarrow A = 6.318{,}94$ €

Jahr	Zinsen	Tilgungsrate	Annuität	Restschuld: 50 000
1	2 250,00	4 068,94	6 318,94	45 931,06
2	2 066,90	4 252,04	6 318,94	41 679,02

1×B
1×C

5 Analysis

5.A1 **a)** $\frac{\Delta y}{\Delta x} = \frac{1\,944 - 1\,192}{3} = 250{,}67$ **1×B**

250,67 kJ Energie werden durchschnittlich in diesem Intervall pro km/h verbraucht.

b) Zur Bestimmung der angenäherten Polynomfunktion 2. Grads wird Technologie eingesetzt. **1×A**

Die Wertepaare werden in Listen eingegeben und die quadratische Regression ausgewählt.

Man erhält die Regressionslinie mit: **1×B**

$y = 6{,}587x^2 + 144{,}08 + 261{,}09$

$y'(5) = 209{,}95 \approx 210$ kJ/km

Die erste Ableitung beschreibt die momentane Änderungsrate des Energieverbrauchs pro Kilometer bei der Geschwindigkeit von 5 km/h. **1×D**

c)

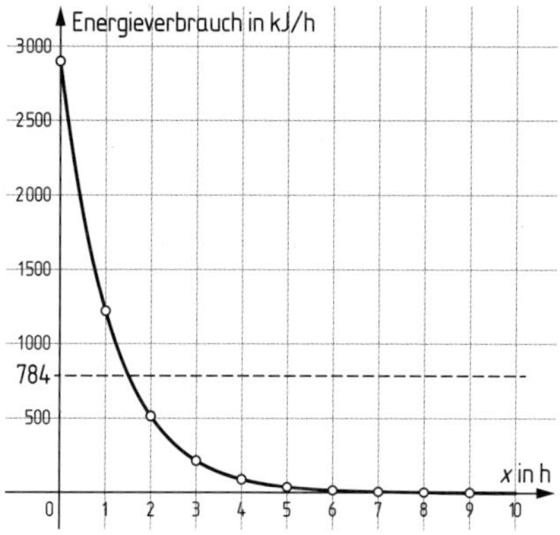

Nach fast $2\frac{1}{2}$ Stunden hat die Frau 4 km/h erreicht und läuft ab diesem Zeitpunkt nicht mehr, sondern geht zunehmend langsamer vorwärts. **1×A** **1×B**

1×C

5.A2 **a)** Funktion eingeben und die 1. Ableitung an der Stelle $x = 0$ ermitteln $\Rightarrow k = 2{,}4$ **1×B**

$\Rightarrow \alpha = 67{,}38°$

b)

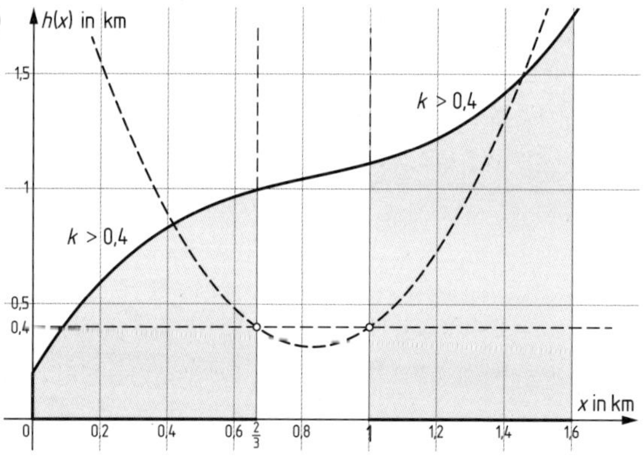

Es gibt mehrere Wege, die Bereichsgrenzen zu finden. **1×A** **2×B**

In jedem Fall bestimmt man, wo die 1. Ableitung größer als 0,4 ist.

ZB grafisch: Die Grenzen sind die Schnittpunkte von $y = 0{,}4$ mit dem Graphen von $h'(x)$.

1×C

c) Die Berechnungen sind korrekt durchgeführt. **1×B, 1×D**

Es wird hier bestimmt, wie groß der kleinste Anstieg auf dieser Bergstrecke ist. **1×C**

5.A3 a)

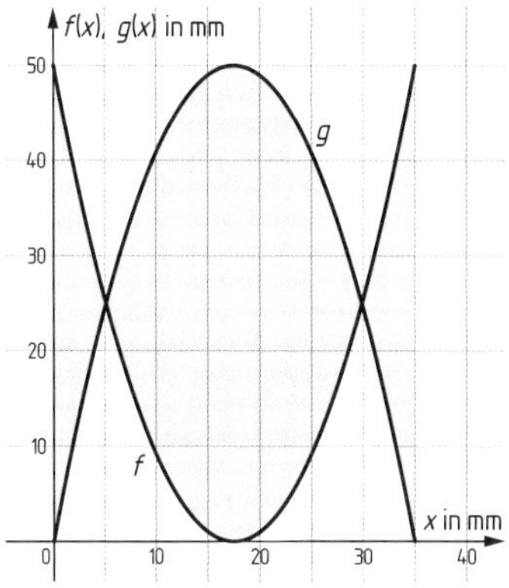

1×B
1×C

b) Berechnung mithilfe von Technologieeinsatz: **1×B**
Integral (Absolutbetrag von $f(x) - g(x)$, Variable x, untere Grenze 0, obere Grenze 30) $\Rightarrow$
$A = 914{,}21\ \text{mm}^2 \approx 9{,}14\ \text{cm}^2$

c) Das Maximum hat die Bedingung, dass die 1. Ableitung dort gleich null ist. **1×C**
Das neue Maximum für die Kurve g_2 liegt bei (20|60). **1×D**
Man weiß, dass Folgendes gilt:
$g(0) = 0$; $g(20) = 60$; $g'(20) = 0$
Mithilfe der 1. Ableitung von g und 2 Punkten auf der Kurve kann die Funktionsgleichung für g_2 ermittelt werden:

I: $c = 0$ — weil die Nullstelle (0|0) erhalten bleibt.
II: $400a + 20b + c = 60$ — Der Scheitel ist Element der Kurve.
III: $40a + b = 0$ — Die 1. Ableitung an der Stelle $x = 20$ ist null. **2×A**

Auch die 1. Kurve f muss verändert werden. Das Minimum verschiebt sich um 5 mm nach rechts. Da die Nullstelle der 2. Kurve im Ursprung bleibt und die Höhe des Elements durch die Entfernung von Maximum und Minimum bestimmt wird, liegt das Minimum von f_2 bei (20|0). Die Höhe bestimmt auch die beiden Randpunkte (0|60) und (40|60).
[Beachte: Die Nullstelle von g_2 liegt bei $x = 40$, da die Parabel symmetrisch ist.]
Es lässt sich daher folgendes Gleichungssystem für die 1. Kurve entwerfen:

I: $c = 60$
II: $400a + 20b + c = 0$ **2×A**
III: $40a + b = 0$

Anmerkung: Es ist ausdrücklich der Einsatz der Differenzialrechnung gefordert. Daher benötigt man das Gleichungssystem. Ohne Differenzialrechnung lässt sich die Aufgabe, die Funktionsgleichung zu finden, schneller über die Scheitelpunktform der Parabel lösen.

5.A4 a) $h'(x) = 8\,(x-1)^3$; $h'(1) = 0$
$h''(x) = 24\,(x-1)^2$; $h''(1) = 0$ **2×B**
$h'''(x) = 48\,(x-1)$; $h'''(1) = 0$
Der Anstieg ist null, das Krümmungsverhalten ändert sich nicht.
Bei $x = 1$ ist aber kein Wendepunkt, weil dieser die Bedingung hat, dass die 2. Ableitung gleich null und die 3. Ableitung ungleich null ist. **1×D**
Die Stelle $x = 1$ hat alle Ableitungen bis auf die 4. Ableitung gleich 0.

b) In 1 s legt die Flüssigkeit einen Weg von 1,2 m = 12 dm zurück. **1×A**
Das Volumen beträgt daher Querschnittfläche A mal 12 dm.

$$A = 4 - \int_0^2 h(x)\,dx = 4 - 0{,}8 = 3{,}2\ \text{dm}^2$$

Das Flüssigkeitsvolumen pro Sekunde beträgt 38,4 dm^3. **1×B**

c) $M'(t) = 38 \cdot e^{-0{,}03t} \cdot (-0{,}03) = -1{,}14 \cdot e^{-0{,}03t}$ ... Kettenregel **1×B**
Die Ableitung ergibt für jede Stelle der Funktion den Anstieg der Tangente.
Damit erhält man die momentanen Änderungsraten der pro Sekunde durchlaufenden Flüssigkeitsmenge zu jedem beliebigen Zeitpunkt.
Das Integral berechnet die gesamte in der Zeit von t = 10 s bis t = 90 s durchlaufende Flüssigkeitsmenge in dm^3. **2×C**

5.A Test

a) B ist richtig. **1×C**
Man verwendet die Kettenregel und muss daher die innere Funktion $(-x)$ ableiten. **1×D**
Das ergibt −1. Die innere Ableitung wird mit der Ableitung der äußeren Funktion multipliziert.

b) D ist richtig. **1×C**
Eine horizontale Tangente an f' bedeutet, dass die 2. Ableitung an dieser Stelle null ist. **1×D**
Das ist die notwendige Bedingung für den Wendepunkt. Die Krümmung ist an dieser Stelle positiv. Das ist die hinreichende Bedingung für den Wendepunkt.

c) C ist richtig. **1×C**
Der Betragstrich über der Funktion im Integral bewirkt, dass die negativen Funktionswerte im Graphen an der x-Achse nach oben gespiegelt werden. Man muss die Orientierung der Fläche nicht mehr berücksichtigen und kann über das ganze Intervall integrieren. (Berechnung mithilfe von Technologieeinsatz) **1×D**

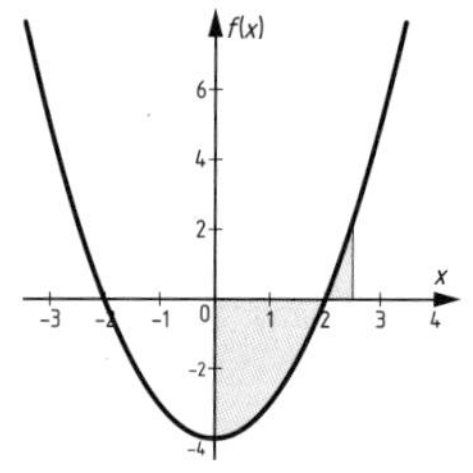

d) **2×C** **2×A**

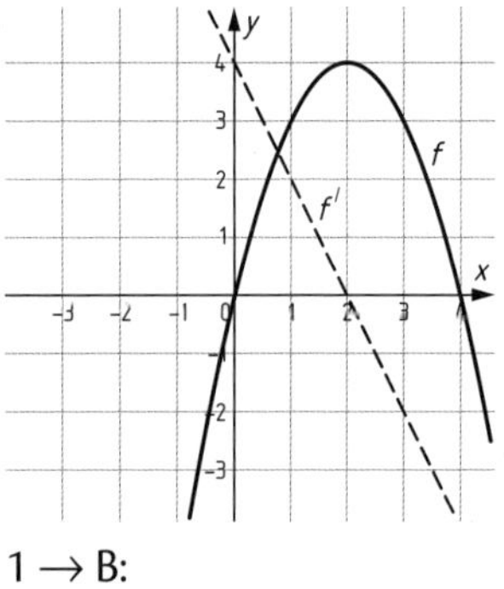

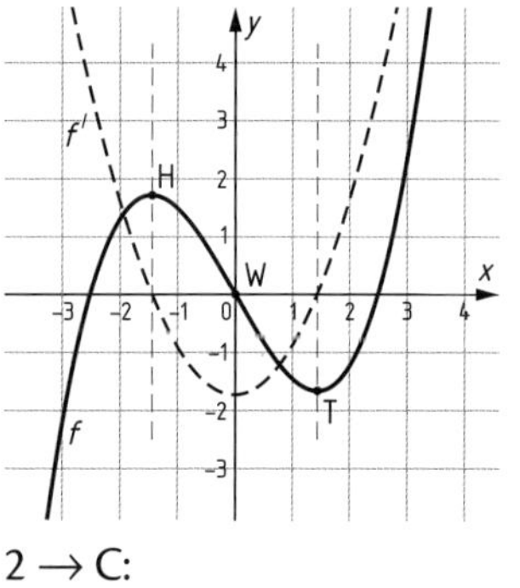

1 → B:
Kriterien für die Richtigkeit: fallende Gerade mit Nullstelle auf der senkrechten Hilfslinie, nicht jedoch der Betrag der Steigung.

2 → C:
Kriterien für die Richtigkeit: typischer Verlauf der quadratischen Funktion mit Nullstellen und Tiefpunkt auf den senkrechten Hilfslinien, nicht jedoch der y-Wert des Tiefpunkts. **2×D**

e) 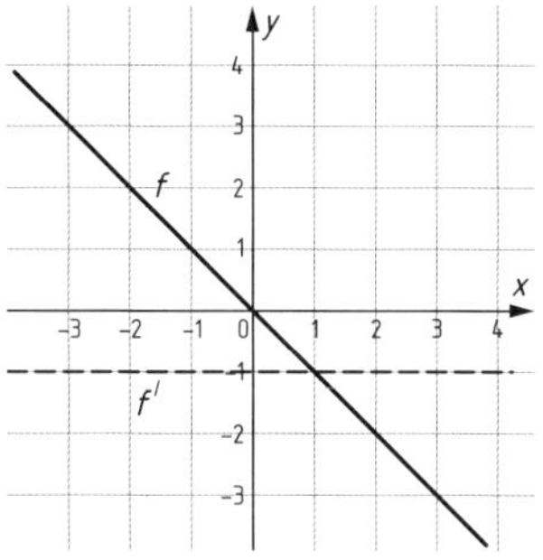

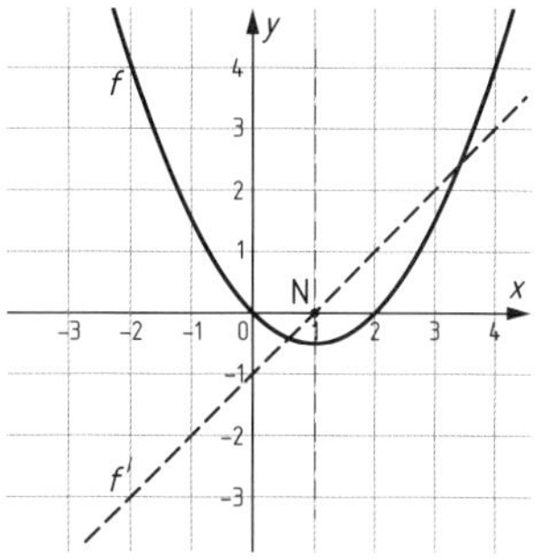

2×C

2×A

1 ⟶ B:
Kriterien für die Richtigkeit: Gerade mit Steigung –1.

2 ⟶ A:
Kriterien für die Richtigkeit: typischer Verlauf der quadratischen Funktion mit Tiefpunkt auf der senkrechten Hilfslinie, nicht jedoch die Steilheit der Parabel. **2×D**

5.B1 ***a)*** r kann nicht gleich 0 werden und r muss kleiner als ungefähr 1,5 dm sein. **1×D**
$r = 0$ ergibt keinen Zylinder und $r \approx 1{,}5$ dm würde bedeuten, dass $h = 0$ und damit der Zylindermantel 0 wird. Die Oberfläche besteht in diesem Grenzfall nur mehr aus Grund- und der Deckfläche. Daher: $D = \{x \in \mathbb{R} \mid 0 < x < \text{Nullstelle} \approx 1{,}5\}$ **1×C**
Wenn r gegen 0 strebt, wird h immer größer, strebt also gegen unendlich.

b) Mittlere Änderungsrate im angegebenen Intervall: ca. $\frac{-2}{0{,}4} \approx -5$ **2×C**
Vergrößert sich der Radius um eine Einheit, dann vermindert sich die Höhe bei der gegebenen Oberfläche um 5 Einheiten.

c) Funktionsgleichung aus der Formel für die Oberfläche: $A = 2r^2\pi + 2r\pi h \Rightarrow h(r) = \frac{14{,}7}{2r\pi} - r$
Lokale Änderungsrate: $h'(r) = -\frac{14{,}7}{2r^2 \cdot \pi} - 1,\quad h'(0{,}8) \approx -4{,}66$ **1×B**
Die lokale Änderungsrate ergibt die Veränderung genau an der Stelle 0,8 und entspricht der Steigung der Tangente in diesem Punkt. Die mittlere Änderungsrate wird durch 2 Punkte bestimmt und ergibt den Anstieg der Sekante durch die beiden Punkte. In unserem Falle sind beide fast gleich groß, weil 0,8 in der Mitte zwischen 0,6 und 1 liegt. **1×D**

d) $V = r^2\pi h \rightarrow$ Maximum ... Zielfunktion **2×A**
Aus der Geometrie erhält man den Zusammenhang zwischen r und h:
$14{,}7 = 2r\pi h + 2r^2\pi \Rightarrow h = \frac{14{,}7 - 2r^2\pi}{2r\pi}$
Zielfunktion V mit $V(r) = 0{,}5r \cdot (14{,}7 - 2r^2\pi)$
Maximum mit Technologieeinsatz: $r = 0{,}88$ dm; $h = 1{,}77$ dm; $V = 4{,}33$ dm^3 **2×B**

5.B2 **a)**

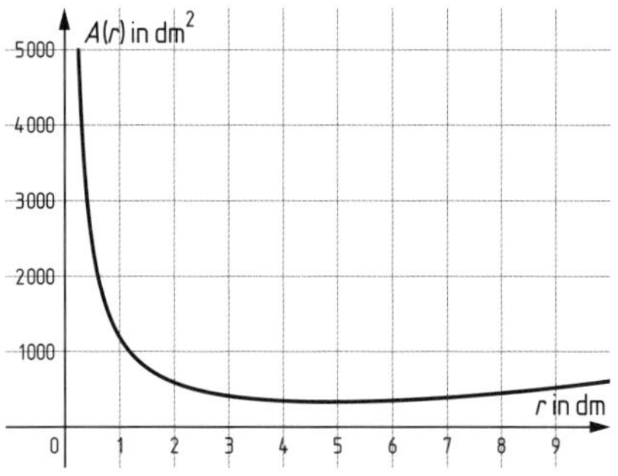

Der Funktionsgraph ist monoton fallend bis zum Minimum bei ca. $r = 5$ dm, ab dann steigt der Graph der Funktion monoton. Bei $r = 0$ ist der Funktionswert nicht definiert. **1×B**

r kann nicht beliebig hoch werden, er wird durch die Bedingung, dass $V = 600\ \text{dm}^3$ ist, eingeschränkt. (Bei h gegen 0 müsste r am größten sein $\Rightarrow$ r darf ungefähr 6,5 dm nicht überschreiten. Dieser Schluss gelingt über die Volumenformel.) Die Funktion hat in dieser Definitionsmenge ein lokales Minimum, kein Maximum und keinen Wendepunkt. Der Funktionsgraph ist durchgehend positiv gekrümmt. **3×C**

b) $A = 3r^2\pi + 2r\pi h \rightarrow$ Minimum ... Zielfunktion („Hauptbedingung") **2×C**

Aus der Geometrie erhält man den Zusammenhang zwischen r und h:

$r^2\pi h + \frac{2r^3\pi}{3} = 600$ („Nebenbedingung")

$h = \frac{600}{r^2\pi} - \frac{2r}{3}$

$A(r) = 3r^2\pi + \frac{1\,200}{r} - \frac{4r^2\pi}{3}$ **2×B**

$A(r) = \frac{1\,200}{r} + \frac{5}{3}r^2\pi$

Man bildet die 1. Ableitung und setzt sie gleich null. Aus der Gleichung wird r berechnet:

$A'(r) = -\frac{1\,200}{r^2} + \frac{10}{3}r \cdot \pi = 0 \Rightarrow r = 4{,}86\ \text{dm};\ A_{min} = 370{,}59\ \text{dm}^2$

c) Es muss die 2. Ableitung an der Stelle des Minimums größer als null sein. **1×D**

5.B3 **a)** Monoton fallend bis zum Minimum bei einem Radius von ca. 4 cm, anschließend monoton steigend. **4×C**

Die Definitionsmenge besteht aus positiven reellen Zahlen mit r ungleich null. (Aus der Praxis heraus wird man eine obere Grenze setzen können, mathematisch gesehen nicht, r kann theoretisch unendlich groß werden. Es gilt: $V = r^2\pi h$).

Es existiert im Definitionsbereich nur das Minimum bei ca. 4 cm. Es gibt keinen Wendepunkt. Die Kurve ist durchwegs positiv gekrümmt.

b) Der minimale Materialverbrauch beträgt bei $r \approx 4{,}4$ cm ca. 360 cm². **1×C**

c)

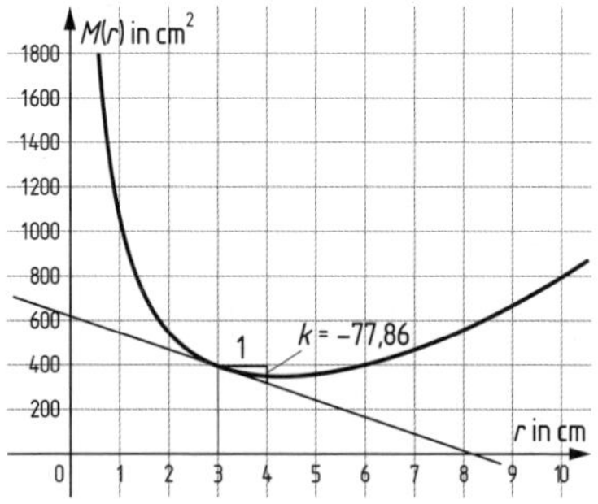

$k = -77{,}86$ **1×B**

Dies bedeutet, dass eine infinitesimal geringe Vergrößerung des Radius von 3 cm eine Abnahme des Materialverbrauchs um annähernd 78 cm² hervorrufen würde. **1×C**

Tolerierter Ablesewert für k ca. –75 bis –79

d)

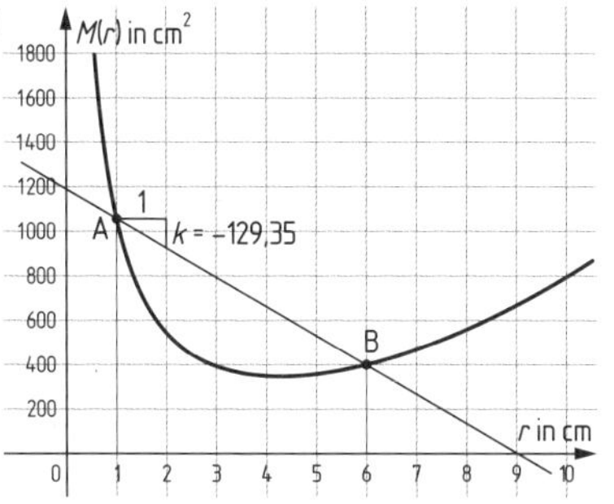

$k = -129{,}35$. Die Steigung der Sekante berechnet **1×B**

man mit der Formel $\frac{\Delta y}{\Delta x} = \frac{399{,}53 - 1\,046{,}28}{5} = -129{,}35$ **1×C**

Der Wert gibt die mittlere Änderungsrate im Intervall [1; 6] an. **1×D**

Ablesetoleranz für k ca. –120 bis –140

Bei Erhöhung des Radius von 1 cm auf 6 cm sinkt der Materialverbrauch durchschnittlich um ungefähr 129 cm^2 pro Zentimeter.

5.B Test

a) D ist richtig. **1×C**

Es gilt: $2a + b = 3 \Rightarrow b = 3 - 2a$ **1×A**

$A = a \cdot b = 3a - 2a^2$ **1×D**

Die 1. Ableitung nach der Variablen a liefert die notwendige Bedingung für das Maximum.

b) D ist richtig. **1×C**

$V = a^2 \cdot (1 - 2a) = a^2 - 2a^3$ **1×B**

$\frac{dV}{da} = 2a - 6a^2$ **1×D**

Die 1. Ableitung muss null gesetzt werden, dies ergibt die in D genannte Gleichung.

c) D ist richtig. **1×C**

Man bildet die Summe aller $(y - y_i)^2$ und minimiert die Summe. **1×D**

5.C1

a) *Hinweis: Die Kurve bildet die Bewegung des Körperschwerpunkts ab, der in Ruheposition des Tieres (Start und Landung) ungefähr 3,5 dm über dem ebenen Boden angenommen wird.* **2×D**

Mithilfe der 1. Ableitung kann man Aussagen über den Anstieg der Sprungkurve an jeder Stelle x machen. Ist die 1. Ableitung gleich null, dann lässt sich daraus die Stelle ermitteln, bei der der Gepard die maximale Höhe erreicht. **3×C**

Der Tangentenanstieg bei $x = 20$ dm beträgt 0,27.

Der Tangentenanstieg bei $x = 40$ dm beträgt –0,77.

Vergleich: Bei 20 dm befindet sich der Gepard in Aufwärtsbewegung bei geringem positiven Anstieg, bei 40 dm befindet sich das Tier in Abwärtsbewegung mit fast 3-mal so großer negativer Steigung.

b) $h'(x) = -0{,}06x + 1{,}3$ **2×B**

$-0{,}06x + 1{,}3 = 0 \Rightarrow x = 21{,}67$ dm ... Stelle, an der der Gepard die maximale Sprunghöhe erreicht.

c) $H(33|19)$ **2×A**

H ist ein Element der Kurve mit $h(x) = ax^2 + bx + c \Rightarrow$ I: $19 = 1\,089a + 33b + 3{,}5$

H ist Maximum mit $2ax + b = 0 \Rightarrow$ II: $0 = 66a + b$

Bahnkurve: **1×B**

$h(x) = -0{,}014x^2 + 0{,}939x + 3{,}5$

5.C2 **a)** Ergebnisse können unterschiedlich sein, Ableseungenauigkeiten sind unvermeidlich ...
$h(0{,}4) = 1{,}8$ m **5×C**
Abwurfhöhe 1 m
Der Anstieg der Tangente gibt die jeweilige momentane Geschwindigkeit der Kugel wieder.
Die Kugel erreicht eine maximale Höhe von 1,8 m;
Definitionsmenge $\mathbb{R}$ im Intervall [0; 0,86]

b) Werte, die gut ablesbar sind: **1×C**
$(0|1)$ $(0{,}4|1{,}8)$ $(0{,}8|1)$
Gleichungssystem für $h(t) = a \cdot t^2 + b \cdot t + c$:
I: $c = 1$ **1×A**
II: $0{,}4^2 a + 0{,}4b + c = 1{,}8$
III: $0{,}8^2 a + 0{,}8b + c = 1$

Lösung mithilfe von Technologieeinsatz: $a = -5$, $b = 4$, $c = 1$
$h(t) = -5t^2 + 4t + 1$ **1×B**
$h'(t) = -10t + 4$
$v(0{,}86) = -4{,}6$ m/s **2×B**

c) Am Maximum ist die Geschwindigkeit gleich null $\Rightarrow$ $h'(t) = 0$. Aus dieser Gleichung berechnet man die Steigzeit der Kugel und setzt sie in die Gleichung für $h(t)$ ein. Dadurch berechnet man die maximale Höhe. Die 2. Ableitung muss zu diesem Zeitpunkt negativ sein. Dies ist der Nachweis für ein lokales Maximum. **2×D**

5.C3 **a)** $h(x) = 0$ **1×B**
Technologie zB TI-nspire
Die Kugel trifft nach ungefähr 6,6 m auf dem Boden auf.
Wenn man den Abwurfort höher wählt und jeweils bei gleichem Winkel wirft, so ist die Wurfweite etwas größer.

Man kann das zB grafisch zeigen: **1×D**

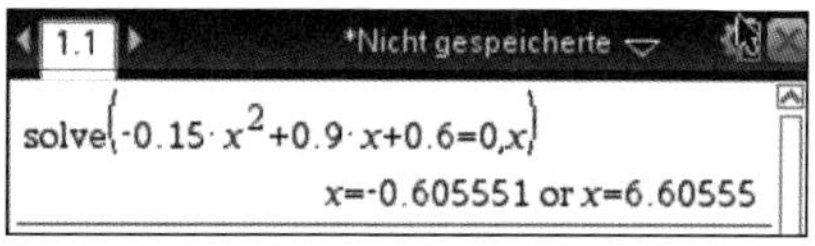

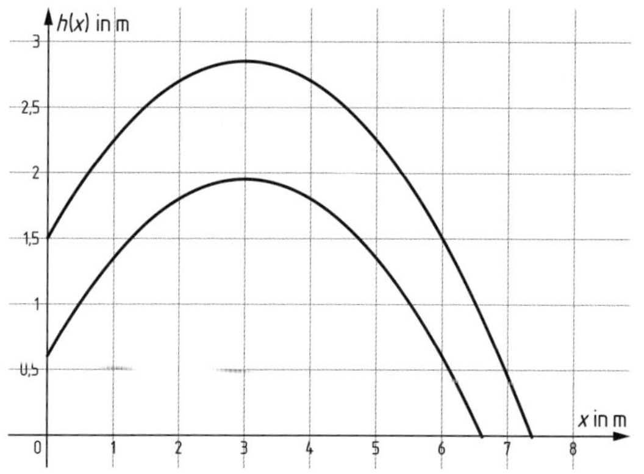

b) Bei den Winkeln von 25° und von 65° werden ungefähr 5 m Wurfweite erreicht. **2×C**
Die maximalen Wurfhöhen betragen ca. 0,6 m bei 25° und 2,6 m bei 65°.
Beim Winkel von 45° fliegt die Kugel weiter als in den beiden anderen Fällen und erreicht ca. 6,4 m. (Durch die Zeichnung von weiteren Winkeln ließe sich nachweisen, dass die Kugel bei 45° am weitesten fliegt!) Die maximale Wurfhöhe beträgt für diesen Winkel ca. 1,6 m.
Ablesetoleranz von ca. 0,3 m

c) Punkte: (0|1) (3|1,8) und $h'(3) = 0$
$h(x) = a \cdot x^2 + b \cdot x + c;\ h'(x) = 2a \cdot x + b$
$c = 1;\ 1{,}8 = 9a + 3b + 1; 0 = 6a + b$ **2×A**

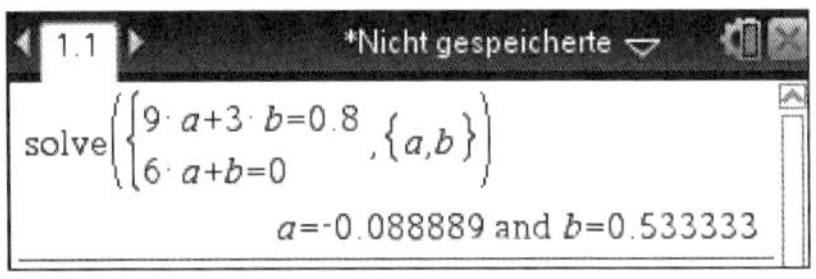

$h(x) = -0{,}089x^2 + 0{,}533x + 1$ **1×B**

5.C4 **a)** Die Beschleunigung beträgt ca. 5 m/s². **3×C**
Die Geschwindigkeit nach der Beschleunigungsphase beträgt ca. 28 m/s.
$v(t) = 5t$
$s(t) = 2{,}5t^2$ im Definitionsbereich [0; 5,5s] ... durch Integration unter der Voraussetzung bestimmt, dass der zurückgelegte Weg bei $t = 0$ null ist. **1×B**

b) 110 km/h = 30,556 m/s; $v(t) = 30{,}556 - 1{,}6t;\ v(t) = 0 \Rightarrow t = 19{,}0975$ **1×A**
Nach ungefähr 19,1 Sekunden kommt das Motorrad zum Stillstand. **1×B**
$s(t) = -0{,}8t^2 + 30{,}556t$ **1×A**
Der Bremsweg beträgt ca. 292 m. **1×B**

c) Mit dem Integral berechnet man die Fläche unter dem Graphen der Geschwindigkeitsfunktion in den Grenzen *a* bis *b*. Dies entspricht der Änderung des Wegs im Intervall *a* bis *b*, wobei *a* und *b* in Stunden anzugeben sind. **2×D**
Die Geschwindigkeit ist in km/h angegeben. **1×C**
Die Integrationsgrenzen sind bei $a = \frac{1}{60}$ und $b = \frac{15}{60}$, weil zu berücksichtigen ist, dass 1 Stunde 60 Minuten hat.

5.C Test **a)** 1 → D:
Die Ableitungsfunktion $a(t)$ muss das Maximum ca. bei 700 s haben.
Da zu Beginn die Geschwindigkeitsfunktion eine waagrechte Tangente hat, kann nicht schon eine Anfangsbeschleunigung vorliegen. A scheidet aus. **2×C**
2 → B: **2×D**
Die Kurve $v(t)$ ist durchwegs negativ gekrümmt, daher ist die fallende Gerade die richtige Ableitungsfunktion. An der Stelle des Maximums der Geschwindigkeitsfunktion liegt die Nullstelle der Beschleunigungsfunktion.

b) D ist richtig. **1×C**
Nach ca. 0,2 h hat die Ableitungsfunktion von *v* ein Maximum, dh. die Beschleunigung ist zu diesem Zeitpunkt am größten. **1×B** **1×D**

c) C ist richtig. **1×C**
Die Geschwindigkeit des Motorrads ist konstant, sie entspricht dem Anstieg der Geraden. **1×D**

d)

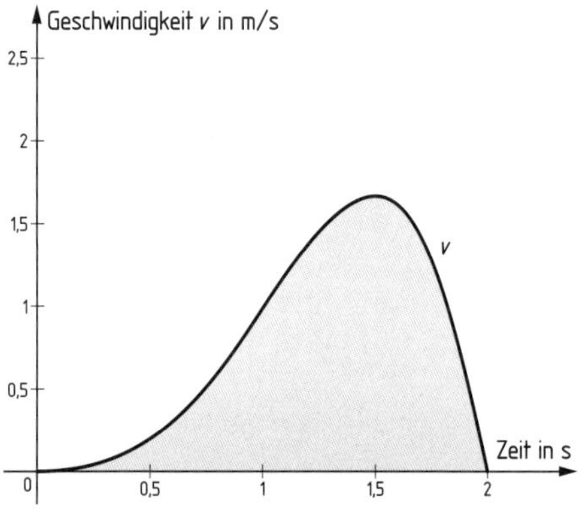

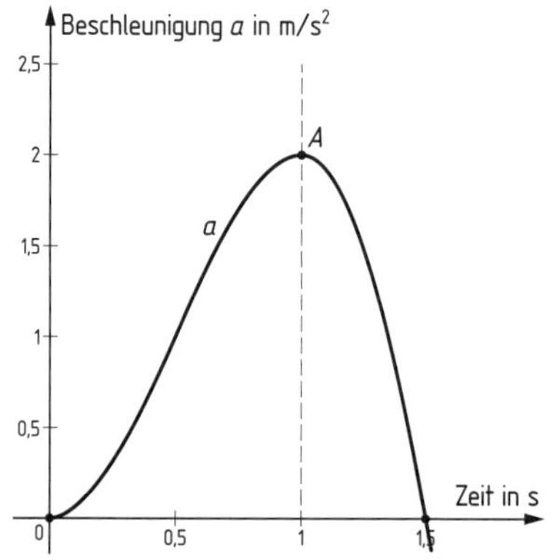

1×A

1×B

1×C

Der zurückgelegte Weg wird durch das unbestimmte Integral der Geschwindigkeitsfunktion beschrieben. Im angegebenen Intervall entspricht die markierte Fläche der Wegstrecke, die in dieser Zeitspanne zurückgelegt wird. **1×D**

Der Beschleunigungsgraph sollte vom Typ her entsprechen. Die Ableitung der Geschwindigkeitsfunktion an den Nullstellen, dem Maximum und dem Wendepunkt sollten für das Skizzieren des Graphen der Beschleunigungsfunktion verwendet werden.
Zusätzlich können Tangentensteigungen an den Funktionsgraph von v abgelesen werden.

e) E ist richtig. **1×C**
Bei $t = 2$ s ist $a = 0$. **1×A**
a ist die Ableitungsfunktion von v, daher ist an dieser Stelle ein Extremwert. **1×D**
Die Tangente an a ist bei $t = 2$ fallend, also ist $v''(2)$ negativ.
Daher handelt es sich bei $t = 2$ s um ein Maximum von v.

Lösung der Aufgabe zur mündlichen Reifeprüfung

a) Die Funktion ist monoton fallend bis zum Minimum bei $x \approx 2{,}5$. Danach ist sie monoton steigend bis zum Maximum bei $x \approx 5{,}5$. Anschließend fällt sie wieder bis zum Schnittpunkt beider Funktionsgraphen bei $x \approx 6{,}5$. **2×C**
Die Krümmung ist positiv (Linkskrümmung) bis zum Wendepunkt (Krümmung 0) bei $x = 4$ und anschließend negativ (Rechtskrümmung).

b) $y' = -6\,\frac{(x-4)^2}{9} + 1{,}5 = 0$; $y'' = -12\,\frac{x-4}{9}$ **2×B**
$x = 2{,}5$
$y''(2{,}5)$ ist positiv. Der Tiefpunkt: $T(2{,}5|0)$

c) Prüfungsgespräch: Untersumme, Obersumme, negative Integralwerte usw. **2×D**

d) Für die Flächenberechnung sind zunächst die Schnittpunkte zu berechnen, oder man rechnet mit Absolutbeträgen: **2×B**
Schnittpunkte $(1|3)$; $(4{,}41|2{,}1)$; $(6{,}41|2{,}01)$
$A \approx 9{,}5\ \text{dm}^2 = 950\ \text{cm}^2$
Kosten: ca. 1.900 €

6.A1 **a)** Erstellen mittels Regression oder durch Einsetzen der Werte in **1×A**
$p(x) = ax^2 + bx + c$ **1×B**
$p(x) = -0{,}000083x^2 - 0{,}008333x + 35$
Preissenkung um 5 GE/ME:
$20 = -0{,}000083x^2 - 0{,}008333x + 35 \Rightarrow x \approx 377$ Stück
Es werden um ca. 77 Stück mehr verkauft. **1×C**

b) $K''(x) = 0$ **1×B**
$0{,}0009x - 0{,}12 = 0 \Rightarrow x_K = 133{,}\dot{3} \approx 133$ Stück ... Kostenkehre
Zum Berechnen des BO wird die Stückkostenfunktion mit $\frac{K(x)}{x}$ ermittelt und differenziert. **1×D**
Diesen Ausdruck setzt man null und erhält das BO.
Das BO ist dadurch charakterisiert, dass die Herstellung pro Stück der Ware minimal ist.
Muss man das Stofftier zu einem Preis verkaufen, der diesen minimalen Stückkosten entspricht, dann macht der Betrieb keinen Gewinn, aber auch keinen Verlust. Dies nennt man den Grenzbetrieb. **1×D**

6.A2 **a)** $p'(x) = -0{,}14x - 0{,}4$ **1×B**
$p'(12) = -2{,}08$
Die lokale Änderungsrate liefert die Aussage, dass bei einer infinitesimal geringen Änderung des Absatzes der Preis sich um −2,08 GE/ME verändert.
Daraus kann man schließen, dass zB bei einer Absatzerhöhung von 12 ME auf 13 ME der Preis **annähernd** um 2 GE/ME geringer wird.
(Die genaue Preisänderung wäre $p(12) - p(13) = -2{,}15$ GE/ME.) **1×D**

b) $E(x) = -0{,}07x^3 - 0{,}4x^2 + 80x$ **1×A**
Die erste Ableitung liefert eine Aussage, innerhalb welchen Intervalls der Erlös zu- bzw. abnimmt und für welche Absatzmenge der höchstmögliche Erlös erzielt wird. An dieser Stelle muss die Steigung der Tangente an E null sein.
Berechnung des Maximums daher aus $-0{,}21x^2 - 0{,}8x + 80 = 0 \Rightarrow$ **1×C**
$x \approx 17{,}71$ ME **1×B**
$E_{max} \approx 902{,}52$ GE **1×B**

c)

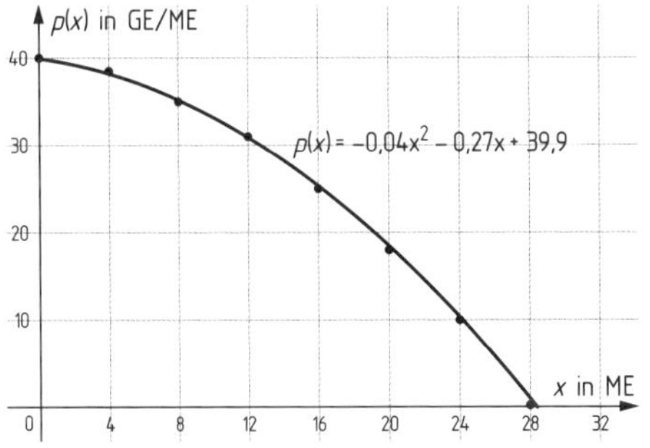

mittlere Änderungsrate: **1×B**
$\frac{f(16) - f(12)}{4} = -1{,}5$; $\frac{f(20) - f(16)}{4} = -1{,}75$ **2×B**

Bei einer Absatzzunahme um 1 ME im Intervall von 12 bis 16 ME nimmt der Preis im Mittel um rund 1,5 GE/ME ab, im Intervall von 16 ME bis 20 ME dagegen um rund 1,75 GE/ME. **1×D**

6.A3 ***a)*** Zur Berechnung der langfristigen Preisuntergrenze ermittelt man die Stückkostenfunktion, indem man K durch x dividiert.

Anschließend sucht man das Minimum der Stückkosten und setzt daher die Ableitung der Stückkostenfunktion gleich null. **1×D**

Die Lösung x ergibt das Betriebsoptimum. Dieses setzt man in die Stückkostenfunktion ein und so erhält man die langfristige Preisuntergrenze. **1×D**

Für den Betrieb ist dieser Wert wichtig, weil er das unterste Preisniveau festlegt, bei dem der Betrieb keinen Verlust aber auch keinen Gewinn macht, also im Grenzbetrieb arbeitet. **1×D**

b) Erlösgrenzen bei $x = 0$ und $x \approx 31$ ME, **1×C**

Erlösmaximum bei ungefähr 18 ME und ca. 900 GE. **1×C**

Der Erlös ist das Produkt aus dem Stückpreis und der umgesetzten Menge. Da die Preisfunktion der Nachfrage **fallend** ist, wird das Produkt beider Größen kleiner, wenn der Verkaufspreis sehr klein wird.

Wird der Preis null (Sättigungsmenge), nimmt auch der Erlös erneut den Wert null an. **1×D**

Die Stelle, wo der Erlös maximal ist, berechnet man durch Nullsetzen der 1. Ableitung von E. Setzt man das Ergebnis in die 2. Ableitung ein und erhält einen negativen Krümmungswert, dann liegt ein Maximum vor. **1×D**

c) $G'(x) = -2x + 370$ **1×B**

$x = 185$ ME ... gewinnmaximierende Menge

$G(185) = 31\,329$ GE ... maximaler Gewinn **1×B**

6.A4 ***a)***

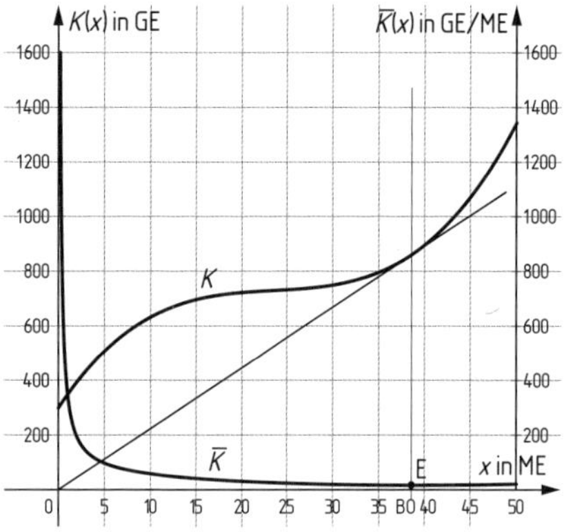

Es gibt 2 Möglichkeiten das BO aus der Grafik zu ermitteln. **1×B** **1×D**

1. Man zeichnet die Stückkostenfunktion und markiert die Stelle, wo das Minimum liegt.
2. Man legt eine Tangente durch den Ursprung an die Kostenfunktion und markiert die Stelle, wo die Tangente berührt.

b) Mittlere Änderungsrate abgelesen aus der Grafik: $\frac{\Delta K}{\Delta x} \approx \frac{40}{10} = 4$ **1×B**

Im Mittel steigen die Kosten um 4 GE/ME, wenn der Absatz zwischen 25 und 35 ME liegt. **1×C**

c) $G(x) = 29x - 0{,}03x^3 + 2{,}11x^2 - 51{,}17x - 300$ **1×B**

BEP: 25,16 ME

d)

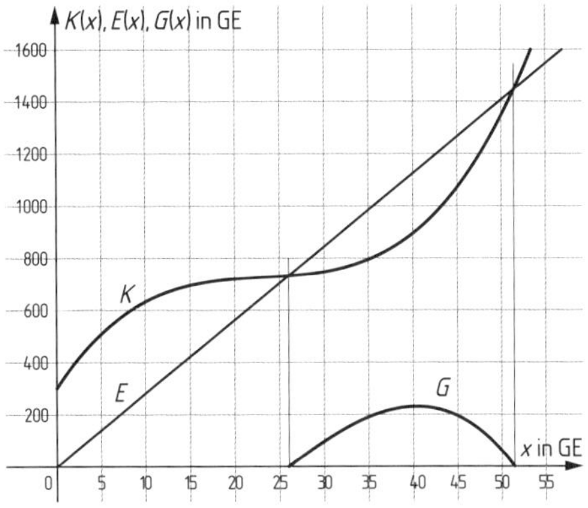

Die Gewinnfunktion kann entweder mithilfe der Gleichung $G(x) = E(x) - K(x)$ gezeichnet werden, oder man lässt die Graphen der Funktionen E und K schneiden und überträgt innerhalb des Intervalls zwischen beiden Schnittpunkten die Differenzen Punkt für Punkt. **1×B** **1×D**

6.A5 **a)** Überprüfung mithilfe von Technologieeinsatz, falls erforderlich. **1×B**
$K(0) = 300$ GE; Kostenkehre: $x = 10$ ME **1×D**
Der Graph der Kostenfunktion ist monoton steigend, zuerst degressiv, nach der Kostenkehre progressiv $\Rightarrow$ ertragsgesetzliche Kostenfunktion

b) Grenzbetrieb heißt, der Marktpreis entspricht der langfristigen Preisuntergrenze. **1×C**
Man berechnet ihn, indem man die Stückkostenfunktion (bzw. Durchschnittskostenfunktion) bestimmt und von dieser das Minimum berechnet, dh. die erste Ableitung wird null gesetzt. Das Ergebnis dieser Gleichung liefert das Betriebsoptimum, wenn die 2. Ableitung an dieser Stelle positiv ist. Den erhaltenen Wert setzt man in die Stückkostenfunktion zurück ein und erhält damit den gerade kostendeckenden Preis (Preis am Grenzbetrieb). **1×D**

c) $G(x) = E(x) - K(x)$ **1×A**
$G(x) = 80x - 0{,}1x^3 + 3x^2 - 70x - 300$; $G(18) = 268{,}80$ GE **2×B**
Grenze: $G(x) = 0 \Rightarrow$ obere Grenze: $x = 30$ ME

6.A6 **a)** Ablesen: zumindest 4 Punkte bzw. Bedingungen. **1×C**
Freie Aufgabe, unterschiedliche Lösungen!
zB könnten folgende Ablesungen vorliegen, die naturgemäß nicht genau sind:
$K(0) = 1\,000$; $(15|2\,000)$, $(30|4\,000)$, $(32|4\,500)$.
Möglichkeiten, um die Kostenfunktion zu erhalten:
Aufstellen eines Gleichungssystems und dieses mithilfe von Technologieeinsatz lösen oder die Punkte in eine Liste geben und mittels Regressionsrechnung berechnen.
Mit obigen Punkten erhält man die kubische Kostenfunktion: **1×A**
$K(x) = 0{,}145x^3 - 4{,}304x^2 + 98{,}591x + 1\,000$ **2×B**
$\frac{K_v(x)}{x} = 0{,}145x^2 - 4{,}304x + 98{,}591$ ... variable Durchschnittskosten
Ableiten und null setzen.
Tiefpunkt: bei 14,84 ME.

b) $p(0) = 400$, $(15|298{,}75)$ **1×A**
Text übersetzen: $E = p \cdot x \Rightarrow$ der 3. Punkt $(20|250)$ **1×B**
Die Berechnung über ein Gleichungssystem oder eine Matrix mithilfe von Technologieeinsatz bzw. als quadratische Regressionslinie.
$p(x) = -0{,}15x^2 - 4{,}5x + 400$
Um den Cournot'schen Punkt berechnen zu können, muss die Kostenfunktion gegeben sein und die Gewinnfunktion aufgestellt werden ($G = p \cdot x - K$) **1×D**
Die Gewinnfunktion wird abgeleitet und null gesetzt.
Das Ergebnis der Gleichung ist die x-Stelle, die bei der Preisfunktion zum Cournot'schen Punkt führt.
$E(x) = -0{,}15x^3 - 4{,}5x^2 + 400x$

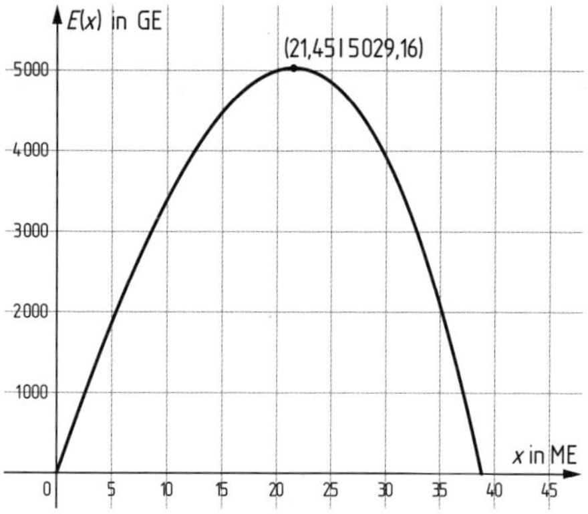

1×B

1×C

Das Maximum liegt bei $x = 21{,}45$ ME und beträgt 5 029,16 GE.
Ablesetoleranz für das Erlösmaximum ca. ± 1

6.A Test

a) Die Ableitung einer Funktion an einer bestimmten Stelle beschreibt die momentane Änderungsrate: Sie wird näherungsweise durch die Beschreibung in B wiedergegeben. **1×C** **1×D**

b) D ist richtig. **1×C**
Durch beide Gleichungen werden die notwendige und die hinreichende Bedingung für das Minimum der Stückkostenfunktion beschrieben. **1×D**

c) E ist richtig. **1×C**
Mathematische Begründung: **1×D**
$E'(x) = K'(x)$ **(1×B)**
$5 - 0{,}6x = 0{,}2x + 0{,}2$
$x = 6$
$G_{max} = 6{,}4$

d) **7×C**

Erlösmaximum	F
Obere Gewinngrenze	C
Break-Even-Point	A
Cournot'scher Punkt	D
Betriebsoptimum	E
Gewinnmaximum	B
Sättigungsmenge	G

e)

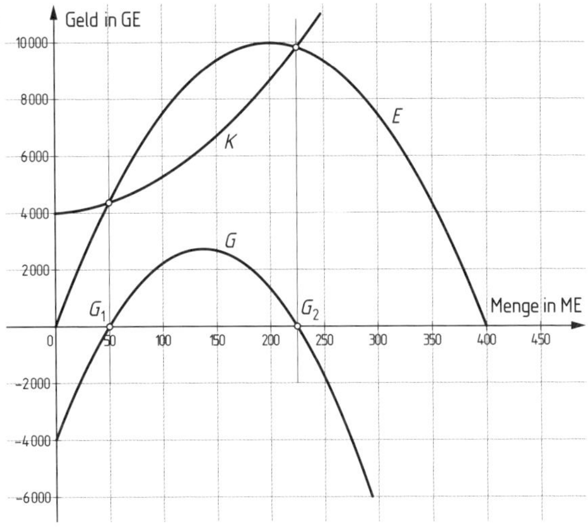

Durch das Abmessen der senkrechten Differenz zwischen Erlös und Kosten kann theoretisch jeder Punkt relativ genau gezeichnet werden. Ganz besonders relevant sind naturgemäß der y-Achsenabschnitt („negative Fixkosten") und die Gewinngrenzen G_1 und G_2. **1×A**

Richtig ist C.

BEP = G_1 **1×C**

Die untere Gewinngrenze haben wir als BEP definiert. Bei dieser Menge tritt zum ersten Mal ein Gewinn auf. **1×D**

f) Die Änderung der Steigung entspricht der Krümmung einer Kurve. Grundsätzlich unterschiedliche Krümmungen bedingen einen positiv gekrümmten (quadratischen) Graphen der Preisfunktion (1), einen negativ gekrümmten (quadratischen) Graphen der Preisfunktion (2) und einen gar nicht gekrümmten (linearen) Graphen der Preisfunktion die alle monoton fallend sein müssen. **3×A** **1×C** **1×D**

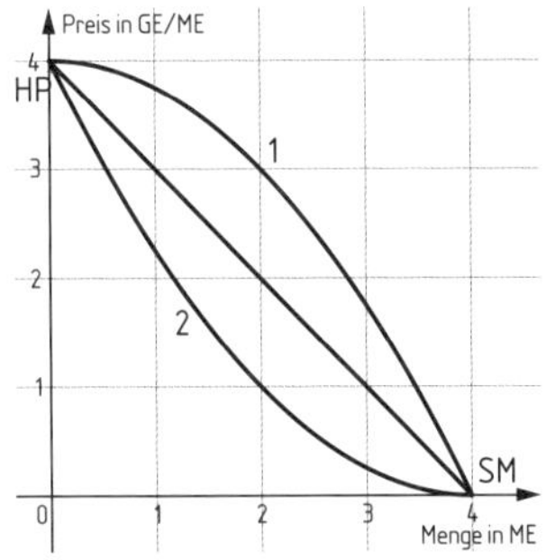

D ist richtig.

Wenn die Nachfrage nach einem Produkt steigt, so wird i.A. der Stückpreis geringer.

6.B1 **a)** Lösen der Gleichung: $-0{,}5p^2 - p + 40 = 0$ **1×B**

$D = [0; 8]$ in GE/ME **1×A**

Bei $p = 0$ ist die Nachfrage maximal: Sättigungsmenge **1×C**

bei $p = 8$ GE/ME besteht keine Nachfrage mehr: Höchstpreis

b) $x_N'(p) = -p - 1$. **1×B**

Für alle Werte von p innerhalb des Definitionsbereichs gilt, dass die Steigungen der Tangenten negativ sind: **1×D**

Die Nachfragefunktion ist streng monoton fallend.

c) B ist richtig. **1×C**

Das ist die Definition der Nachfragefunktion. **1×D**

d)

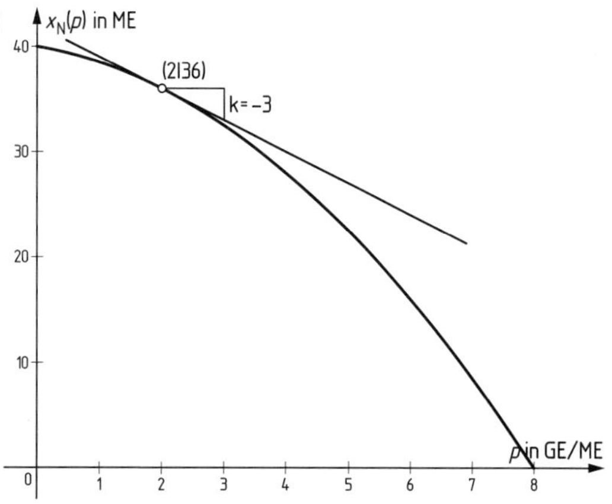

Lokale Änderungsrate: −3. **3×B**
Bei Erhöhung des Preises von 2 GE/ME **2×C**
um einen infinitesimal kleinen Betrag nimmt die Nachfrage um 3 ME ab.
Es lässt sich schließen, dass bei Erhöhung des Preises von 2 auf 3 GE/ME die Nachfrage um ca. 3 ME abnimmt.
(Genauer Wert: $x_N(2) - x_N(3) = -3{,}5$ ME)

6.B2 ***a)*** Höchstpreis: 15 GE/ME
Sättigungsmenge: 60 ME **2×C**

b) Die Lösung hängt stark von der möglichen Ablesegenauigkeit ab. Es sind daher unterschiedliche Ergebnisse zu erwarten. Die angegebene Lösung ist nur als Richtlinie zu verstehen. **1×A** **1×B**
Abgelesen wurden hierfür die Punkte (0|60), (10|30) und (15|0).
Über Gleichungssysteme oder Regressionsrechnung wird die Funktionsgleichung bestimmt.
$x_N(p) = -0{,}2p^2 - p + 60$
$x_N'(p) = -0{,}4p - 1$, Lokale Änderungsrate bei 3 GE/ME: −2,2 **2×B**

c)

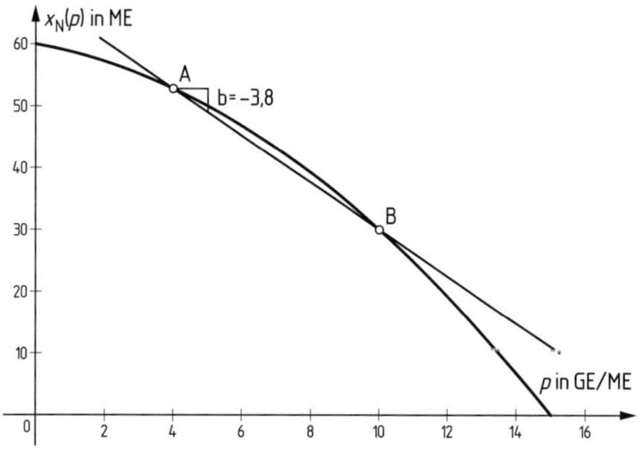

Mittlere Änderungsrate: −3,8. **2×B** **2×C**

Im Intervall von 4 bis 10 GE/ME ändert sich die Nachfrage im Mittel um 3,8 ME pro Preiseinheit. Nimmt der Preis zu, dann sinkt die Nachfrage; nimmt der Preis ab, dann steigt die Nachfrage.

d) Die dargestellte Funktion ist monoton fallend. **1×D**
Sie hat Schnittstellen mit den Achsen im positiven Bereich, so dass ein Höchstpreis und eine Sättigungsmenge ablesbar sind.

e) Um die Erlösfunktion zu erhalten, wird die Umkehrfunktion p ermittelt und deren Funktionswerte mit x multipliziert. **1×B**

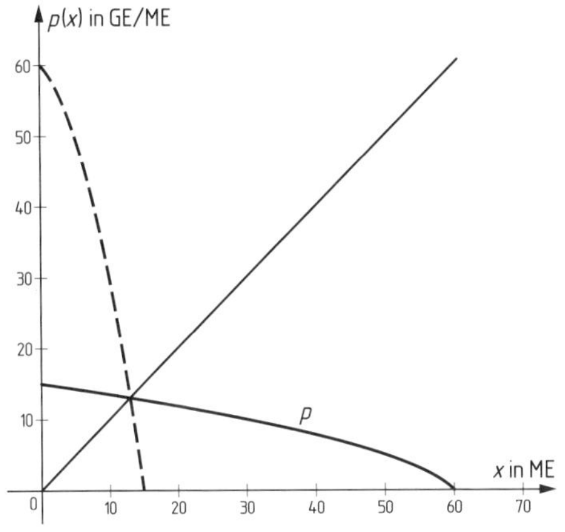

1×D

6.B Test ***a)*** C ist richtig. **1×B**
$E = 20 \cdot 100$ **1×C**

b) D ist richtig. **1×C**
Das ist die Definition der Nachfragefunktion. **1×D**

c)

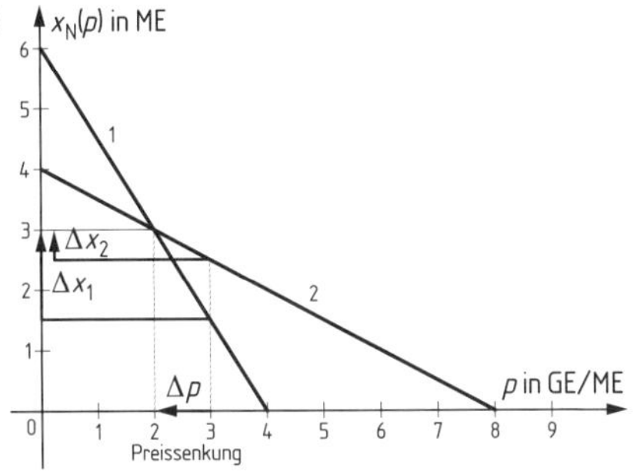

$\Delta x_1 = 1{,}5$; $\Delta x_2 = 0{,}5$ **2×B**
$1 \rightarrow$ B: **2×C**
Der Preis sinkt um 1 Einheit, die Nachfrage steigt um 1,5 Mengeneinheiten. **2×D**
$2 \rightarrow$ C:
Der Preis sinkt um eine Einheit, die Nachfrage steigt um 0,5 Mengeneinheiten.

6.C1 ***a)*** $\frac{K_1}{x} = 0{,}1x^2 - 5x + 90 + \frac{110}{x}$ **1×A**
$K_1' = 0{,}3x^2 - 10x + 90$ **1×B**
Schnittpunkt: $x = 25{,}825$ ME; $y = 31{,}828$ GE/ME **1×B**
Diese Menge ist das Betriebsoptimum, die Stückkosten haben hier ein Minimum. **1×C**
Die Aussage $\left(\frac{K_1}{x}\right)' = 0$ entspricht der Aussage $\frac{K_1}{x} = K_1'$.

b) Die Grenzkosten erhält man durch die 1. Ableitung. Die Kostenkehre berechnet man durch Nullsetzen der 2. Ableitung. Das ist gleichbedeutend mit dem Bestimmen des Extremwerts der Grenzkostenfunktion. **1×D** **1×B**
Berechnung:
$K''(x) = 0{,}8x - 12 = 0 \Rightarrow x_K = 15$ ME
$K'''(x)$ ist positiv.

c) Bestimmung der variablen Kostenfunktion durch Integrieren: $K_2(x) = \frac{2}{15}x^3 - 6x^2 + 100x$ **1×A**
Variable Stückkostenfunktion: $\overline{K_2}(x) = \frac{2}{15}x^2 - 6x + 100$ **1×B**
Differenzieren von $\overline{K_2}(x)$ und 1. Ableitung gleich null setzen:
$\overline{K_2}'(x) = \frac{4}{15}x - 6 = 0 \Rightarrow x = 22{,}5$ ME **1×B**
Kurzfristige Preisuntergrenze: 32,5 GE/ME. **1×B**

6.C2 **a)** Für die Erlösfunktion E_1 gilt: BEP liegt bei 3 ME; Gewinngrenze bei 6 ME; Gewinnmaximum bei ca. 4,7 ME. **3×C**
Für die Erlösfunktion E_2 gilt: Der x-Wert des Tangentenpunkts bei ca. 4,4 ME entspricht dem Betriebsoptimum dieser Kostenfunktion.

b) Die Gewinnzone mit der Erlösfunktion E_2 als Tangente beschränkt sich auf einen einzigen Punkt (4,4 ME), wo gleichzeitig das Gewinnmaximum (einziger Wert nicht im Verlustbereich) liegt. **1×D**
⇒ Betrieb sollte sich Maßnahmen überlegen, um gewinnbringend arbeiten zu können.

c) Die Funktion K ist streng monoton steigend. **1×D**
Die Kostenkehre liegt bei ca. 3 ME auf der positiven x-Achse. **4×C**
Die Kurve verläuft bis zur Kostenkehre degressiv und nach der Kostenkehre progressiv.
Die Fixkosten sind mit 100 GE ablesbar.

d) Ablesung von 4 Punkten: **1×C**
(0|100); (3|200); (5,2|300); (6|400)
Durch Berechnen der Funktionswerte mit $x = 0$; 3; 5,2 und 6 kann nachgewiesen werden, ob die Gleichung stimmt. **1×B**
Man erhält für $x = 0$: $y = 100$ **3×B**
für $x = 3$; $y = 200{,}05$; für $x = 5{,}2$; $y = 298{,}45$; für $x = 6$; $y = 400{,}54$
Die Gleichung der Kurve entspricht näherungsweise der grafischen Darstellung.
Die Ableitungsfunktion lautet:
$K'(x) = 12{,}72x^2 - 65{,}16x + 92{,}93$
Grenzkosten an der Kostenkehre ($x = 2{,}56$ ME): 9,48 GE/ME.
Stückkosten bei $x = 2{,}56$ ME: 76,34 GE/ME

6.C3 **a)** $K_v(x) = K(x) - K(0)$ **1×A**
$K_v(x) = \int K'(x)\,dx = x^3 - 18x^2 + 150x$ **1×B**

b) $\frac{K_v}{x} = x^2 - 18x + 150$ **3×B**
$\left(\frac{K_v}{x}\right)' = 2x - 18 = 0$
BM = 9 ME **1×D**

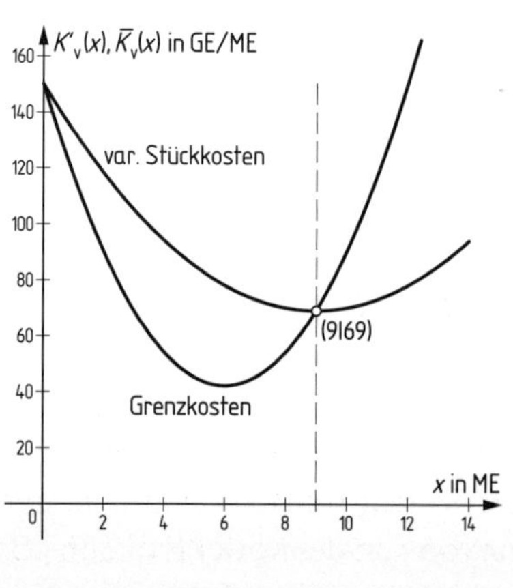

c) A ist richtig. **1×B**
Tangentengleichung durch den Ursprung: $y = K'(x) \cdot x$ wird der Gleichung $y = K(x)$ gleichgesetzt. **1×C**
$K'(x) = \frac{K(x)}{x}$ entspricht der Bedingung $\left(\frac{K(x)}{x}\right)' = 0$ ... Bedingung für das BO. **1×D**

6.C4 a) $K(x) = ax^3 + bx^2 + cx + 196$ **3×A**
Gleichungssystem: **4×B**

$$\begin{aligned} &\text{I: } K(2) = 284 \Rightarrow && 8a + 4b + 2c + 196 = 284 \\ &\text{II: } K'(2) = 32 \Rightarrow && 12a + 4b + c = 32 \\ &\text{III: } K''\left(\tfrac{10}{3}\right) = 0 \Rightarrow && 20a + 2b = 0 \end{aligned}$$

Lösung mithilfe von Technologieeinsatz: $K(x) = x^3 - 10x^2 + 60x + 196$

b) D ist richtig. **1×C**
Das Grenzkostenminimum hat die Bedingung für einen Tiefpunkt: $(K')' = 0$ und $(K')'' > 0$. **1×D**
Die Kostenkehre hat die Bedingung für den Wendepunkt: $K''(x) = 0$ und $K'''(x) > 0$.
Beide Bedingungen sind identisch.

c) Der Cournot'sche Punkt liegt auf der Preisfunktion der Nachfrage und hat als x-Wert die gewinnmaximierende Absatzmenge $(x_C|p(x_C)$. **3×C**
Die gewinnmaximierende Menge berechnet man mithilfe der Gleichung $E'(x) = K'(x)$.
Die Erlösfunktion E erhält man als Produkt der Preisfunktion und der Absatzmenge x.
$E(x) = p(x) \cdot x$
Für die Ableitung der Erlösfunktion kann die Produktregel verwendet werden.
$E'(x) = p'(x) \cdot x + p(x)$ oder man differenziert erst, wenn man die Erlösfunktion ausmultipliziert hat.

6.C Test a) D ist richtig. **1×B**
$K_v(x) = 12{,}2\frac{x^2}{2} + 200x = -6{,}1x^2 + 200x$ **1×C**

b) C ist richtig. **1×C**
$K'(x)$ wird integriert, die Fixkosten werden addiert. Dies ergibt die Kostenfunktion. **1×D**
Löst man die Gleichung $400x = 0{,}2x^3 + 120x + 1\,000$ mithilfe von Technologieeinsatz, so erhält man 2 positive Lösungen. Die kleinere Zahl 3,6049... ist der BEP. **2×B**

c)

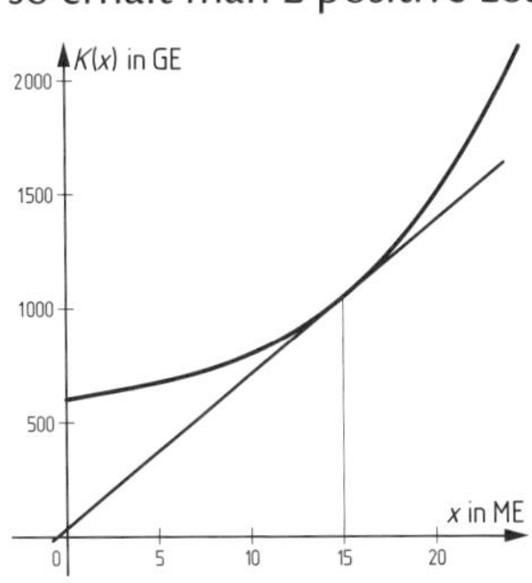

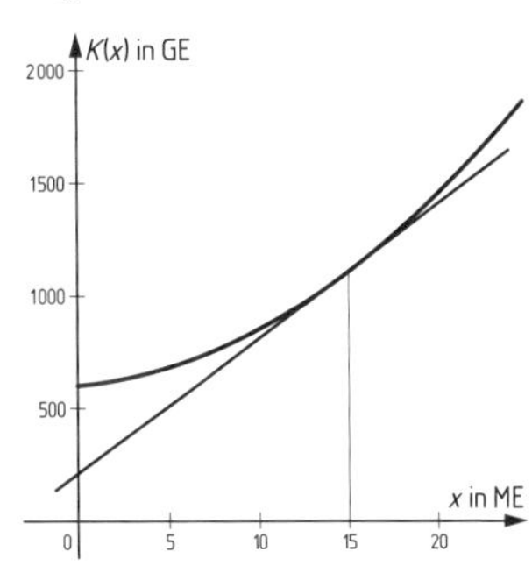

$1 \rightarrow C$:
Die kubische Kostenfunktion ergibt 2-mal abgeleitet eine lineare Funktion mit einem positiven Anstieg, weil der Koeffizient der 3. Potenz von x in der Kostenfunktion positiv ist. ($k > 0$ ist eine steigende Funktion.)

$2 \rightarrow A$: **2×C**
Die quadratische Kostenfunktion ergibt 2-mal abgeleitet eine positive Konstante, daher eine konstante Funktion mit positivem Ordinatenabschnitt. **2×D**

6.Mündliche RP

Lösung der Aufgabe zur mündlichen Reifeprüfung

a) $E(x) = 200x - 4x^2 \Rightarrow p(x) = 200 - 4x$ **1×A**

b) K steigt streng monoton.
$K(0)$ ist positiv.
Die Kostenkehre liegt im 1. Quadranten des Koordinatensystem ($x = 6{,}67$).
Der Graph ist zu Beginn negativ und nach der Kostenkehre positiv gekrümmt.
Es handelt sich um eine ertragsgesetzliche Kostenfunktion. **3×C** **1×D**

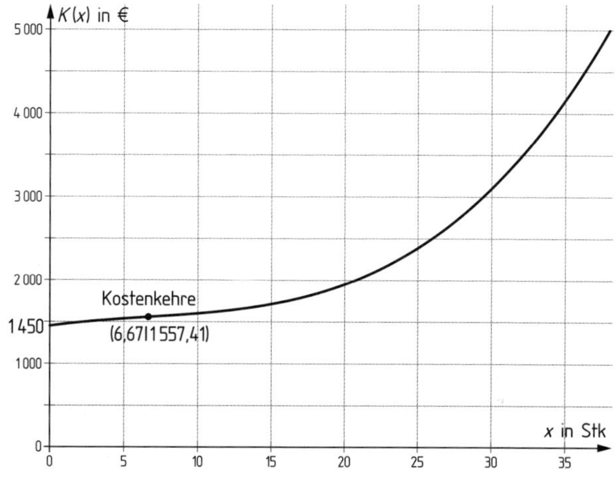

c) $\frac{K(x)}{x} = 0{,}1x^2 - 2x + 25 + \frac{1\,450}{x}$ **1×A**

$\left(\frac{K(x)}{x}\right)' = 0{,}2x - 2 - \frac{1\,450}{x^2} = 0$ **2×B**

$x = 23{,}325... \approx 23$ Stück

Die Erzeugung von ca. 23 Stück verursacht die geringsten Stückkosten von 94,94 €/Stk.
Wenn man das Produkt zu diesem Preis verkauft, dann deckt der Erlös die Kosten, der Betrieb arbeitet gerade nur kostendeckend (ohne Gewinn). **1×D**

d) Den maximalen Gewinn erhält man aus der Angabe durch Differenzieren der Kostenfunktion, denn für das Maximum gilt $G'(x) = 0$. **1×A**

$G'(x) = 200 - 8x - 0{,}3x^2 + 4x - 25 = 0 \Rightarrow x = 18{,}388...$ **1×B**

Beim Verkauf von 18 Stück ist der Gewinn am höchsten und beträgt 468,80 €.
Die Schnittpunkte der Erlös- und der Kostenfunktion führen zu den Stellen, wo der Gewinn null ist, also zur Begrenzung der Gewinnzone. Der Eintritt in die Gewinnzone heißt Break-Even-Point. **1×D**

7.A1 **a)** $\bar{x} = 15,64$; $\sigma = 5,898... \approx 5,9$ **1×B**

b) Die geringste erreichte Punktezahl liegt bei 4 Punkten, die höchste beträgt 24 Punkte, die Spannweite beträgt daher 20 Punkte. **1×A**

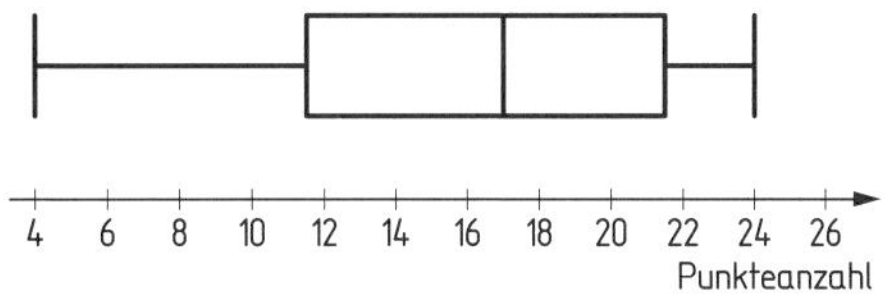

25 % der Kandidaten erreichten bis zu 11 Punkte ($Q_1 = 11,5$).
Der Median liegt bei ca. 17 Punkten.
Die Verteilung zeigt, dass mehr Kandidatinnen/Kandidaten eine höhere Punktezahl erreichten als eine niedrigere (... linksschief). **3×C**
50 % erreichten ungefähr 12 bis 21 Punkte ($Q_1 = 11,5$ und $Q_3 = 21,5$). **1×B**
25 % erreichten mindestens 22 Punkte von insgesamt 24.

c) Der Median (17) gehört der Urliste an. Er ist immer Teil der Urliste, wenn diese eine ungerade Zahl an Daten aufweist, denn er liegt in der Mitte der der Größe nach geordneten Datenmenge.
Bei einer geraden Anzahl ist der Median das arithmetische Mittel der beiden mittleren Zahlen bei einer aufsteigend sortierten Datenmenge. Er ist daher nicht unbedingt Teil der Urliste.
Das arithmetische Mittel ist nur selten Teil der Urliste. **1×D**

7.A2 **a)** neu: Min = 3; $Q_1 = 8$; Med = 15; $Q_3 = 35$; Max = 47
alt: Min = 3; $Q_1 = 8$; Med = 14; $Q_3 = 24,5$; Max = 30 **2×C**
Bei den Personen der Testgruppe, bei denen die Senkung nur maximal 15 mm HG betragen, wirken beide Medikamente fast gleich. Das ist bei ca. 50 % der Testgruppe der Fall.
Bei Senkungen um mehr als 15 mm HG zeigt das neue Medikament eine stärkere Wirkung als das alte Mittel.
Beim alten Medikament haben ca. 75 % eine Senkung von maximal 24,5 mm HG, das neue Medikament kommt auf 35 mm HG.
25 % senkten den Blutdruck durch das alte Medikament um mehr als 24,5 mm HG und erreichen eine Senkung bis auf 30 mm HG. **2×D**
Beim neuen Medikament erreichte man 35 mm HG bis 47 mm HG.

b) Die erste Gruppe hat 12 Personen, die 2. Gruppe 13 Personen.
Ordnet man die Personen nach der Größe der Blutdrucksenkungen, dann ist der Median der 1. Gruppe der Mittelwert aus den Blutdrucksenkungen der 6. und der 7. Person der geordneten Reihe.
Der Median der 2. Gruppe ist der Blutdruckwert der 7. Person der der Größe ihrer Blutdrucksenkungen nach geordneten Personenreihe. **2×D**

c) $\bar{x} = 14,33$; $\sigma = 7,4$ **1×B**
Die mittlere Blutsenkung in der 2. Testgruppe beträgt 14,33 mm HG mit einer mittleren Abweichung von ± 7,4 mm HG.
Der Median der 1. Testgruppe mit dem alten Medikament beträgt 14 mm HG.
In beiden Testungen waren 12 Personen getestet worden. Das arithmetische Mittel der 2. Gruppe ist ungefähr gleich groß wie der Median, der sich aus der 1. Gruppe bestimmen lässt. **1×C**

7.A3 – 7.A5

7.A3 **a)** **1×A**

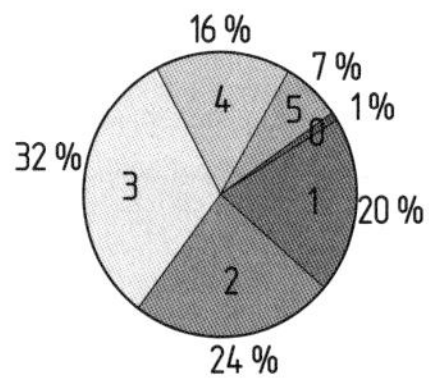

1×B

b) $\bar{x} = 2{,}605$ ... gewogenes Mittel; $\sigma = 1{,}199...$ **1×B**
Im Mittel gibt es ungefähr 2 bis 3 Smartphones (bzw. mit mittlerer Abweichung 1,4 bis 3,8) pro Haushalt. **1×C**

c) Der Median liegt an der 634. Stelle der größengeordneten Zahlenfolge und beträgt 3.
Berechenbar auch mithilfe von Technologieeinsatz. **1×B**
Es liegt eine ziemlich symmetrische Verteilung ohne Ausreißer vor. Daher ist der Median auf den ersten Blick nicht unbedingt notwendig. Das arithmetische Mittel liefert hier eine **1×D** brauchbare Aussage und ist auch günstiger, weil es zusätzlich zum Median die Information beinhaltet, ob der Schnitt ober- oder unterhalb von 3 Smartphones liegt. Wenn man zB nach einer kurzen Zeit die Untersuchung nochmals macht, wird der Median vermutlich immer noch bei 3 liegen, die Änderung des Mittelwerts ist aber interessant und kann einen Trend widerspiegeln.

7.A4 **a)** Beide Graphen verwenden das gleiche Zahlenmaterial. Beide geben den jeweiligen **1×C** Monatsgewinn im Laufe eines Jahrs wieder, aber die Änderungen sind in der 2. Grafik besser zu sehen, weil die vertikale Achse anders skaliert ist. **1×D**
Die 2. Grafik hebt die Änderung des Gewinns stark heraus, die in der 1. Grafik kaum wahrnehmbar ist.

b) **1×C**

1	2	3	4	5	6	7	8	9	10	11	12
100	101	100,6	102	101,6	103	102,6	102	103	104	104,1	103,9

$\bar{x} = 102{,}32$; $\sigma = 1{,}3$ **1×B**
Im Durchschnitt beträgt der monatliche Gewinn in diesem Jahr 102,32 GE mit einer mittleren Abweichung von ± 1,3 GE.
Die Ablesung kann zu relativ großen Unterschieden führen. DerToleranzbereich bei Ablesung der Gewinn-Werte beträgt ca. 0,2 GE.

c) Regressionsgerade: $G(t) = 0{,}35t + 100{,}03$ **1×B**
t ... Zeit in Monaten, $G(t)$ ... Gewinn im t-ten Monat in Geldeinheiten (GE)
$k = 0{,}35$
Die monatlichen Gewinne zeigen einen leicht ansteigenden Trend während des Jahrs.
Der Korrelationskoeffizient beträgt 0,93..., das bedeutet, dass die Gerade den Trend relativ **1×D** gut beschreibt.
Der mittlere monatliche Gewinnzuwachs beträgt 0,35 GE.

7.A5 **a)** $K(x) = 18{,}6x + 1\,973{,}7$ ... lineare Regression
x ... Menge in Stück; $K(x)$ ... Gesamtherstellungskosten von x Stück in Euro (€) **1×B**
Korrelationskoeffizient $r = 0{,}981$. Er liegt sehr nahe an 1, das bedeutet, dass die Punkte nicht stark streuen und ein steigender Trend vorliegt. Der Kostenverlauf dieser Produktion **1×D** kann durch die lineare Funktion gut beschrieben werden.
Die Fixkosten betragen 1.973,70 €. **1×C**

b)

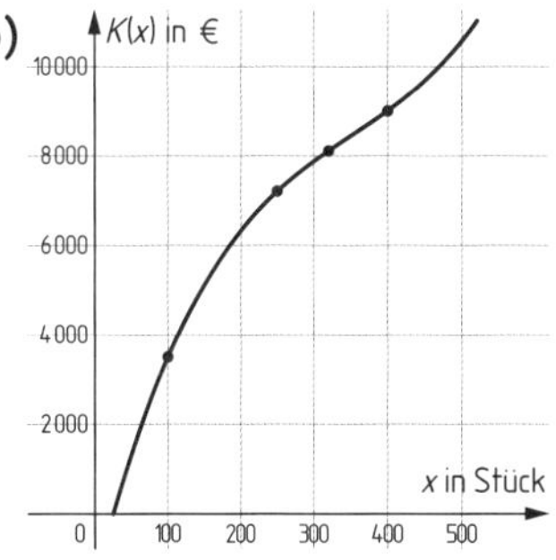

Die Modellkurve führt genau durch die Punkte, weil eine kubische Funktion durch 4 Punkte eindeutig definiert ist. Es liegt ein ideales mathematisches Modell vor.
Leider aber beschreibt die Kurve keine Kostenfunktion, weil nach diesem Modell negative Fixkosten vorliegen würden.
Die Kurve ist daher im Sachzusammenhang nicht geeignet.

1×B

1×D

c) Von der quadratischen Funktion käme nur der Teil des Graphen in Frage, der monoton ansteigt.
1. Möglichkeit: Die Parabel ist nach oben offen, schneidet die Ordinate im positiven Bereich und hat das Minimum bei $x \leq 0$. Dann passt der Teil der Funktion im 1. Quadranten als progressiv steigende Kostenfunktion.
2. Möglichkeit: Die Parabel ist nach unten offen, schneidet die Ordinate im positiven Bereich und hat das Maximum bei $x \geq 0$. Dann passt der Teil der Funktion im 1. Quadranten bis zum Maximum als degressiv steigende Kostenfunktion. **1×D**
Bei den vorliegenden Wertepaaren würde eine nach unten offene Parabel am besten passen, weil die Kosten in den gegebenen 4 Wertepaaren degressiv mit wachsenden Mengen ansteigen. Die Parabel hätte ihr Maximum bei ca. 480 Stück, die Fixkosten wären verhältnismäßig gering (130 €). **1×D**

7.A6 **a)** Die Klassenbreite beträgt 5 Jahre. Klassenmitten: 17,5; 22,5; 27,5 usw.
Es sind insgesamt 12 Klassen durch die jeweiligen Klassenmitten dargestellt. **1×C**

b)

Alter	Masse
17,5	75,5
22,5	78
27,5	80,5
32,5	83,5
37,5	84,8
42,5	85
47,5	85,8
52,5	85,85
57,5	85,9
62,5	85
67,5	84,2
72,5	83,8

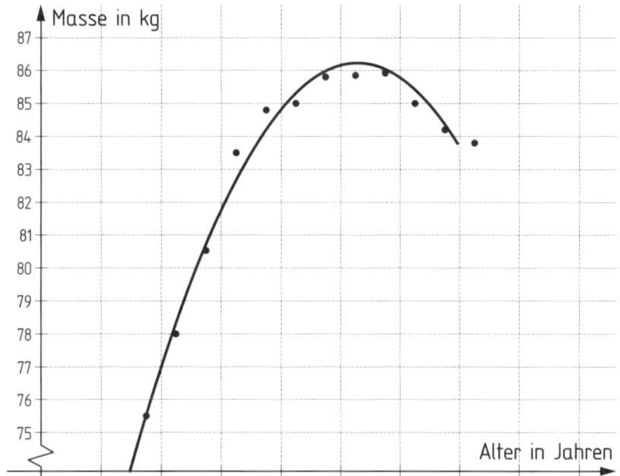

Der sinnvolle Definitionsbereich beginnt bei ca. 15 bis ungefähr 70 Jahren. **1×A** **1×C**
Anschließend würde die quadratische Funktion zu steil abfallen, was im Sachzusammenhang nicht stimmen kann.
Es wird nach 70 Jahren die durchschnittliche Körpermasse nicht so rapide sinken, sondern wahrscheinlich eher sehr langsam, wenn sie sich nicht überhaupt auf einen relativ konstanten Wert einpendelt. **1×B** **1×C**

Im Alter von 80 Jahren hätte nach diesem Modell ein Mann durchschnittlich 80,28 kg Masse. **1×B**

c) Die lineare Regressionslinie hätte ziemlich große Abweichungen von den Messpunkten. **1×D**
Der Korrelationskoeffizient wäre niedrig.
Eine zu diesen Messwerten passende kubische Funktion könnte im betreffenden Altersbereich gut passen. Da die Altersgrenze wahrscheinlich nicht über 100 Jahre gehen wird, wäre die kubische Funktion durchaus geeignet. Sie hätte ein Minimum und den darauffolgenden Anstieg erst nach 100 Jahren. **1×D**

7.A Test

7.A Test

a) B ist richtig.
Die Laufzeit ist ein kontinuierliches Merkmal und kann theoretisch beliebige reelle Werte annehmen. **1×C** **1×D**

b) D ist richtig. **1×C**
Der Median liegt bei 1,65, daher sind unterhalb und oberhalb dieses Werts 50 % aller Messdaten. **1×D**

c) C ist richtig.
$r = -1$: Die Gerade fällt.
$r = +1$: Die Gerade steigt. **2×C**
Bei $r = -1$ und $r = +1$ würden alle Punkte direkt auf der Geraden liegen. **1×D**

d) D ist richtig.
Die Abweichungen von der Regressionsgeraden bei $r = 1$ sind null. Es kann aus mathematischer Sicht ein exakt linearer Zusammenhang der beiden Größen angenommen werden. Zu untersuchen ist, ob auch ein kausaler Zusammenhang besteht. **1×C** **1×D**

7.B1 ***a)*** Strich ... Ring ist gerissen; Kreis ... Ring ist undicht, Stern ... Ring ist OK

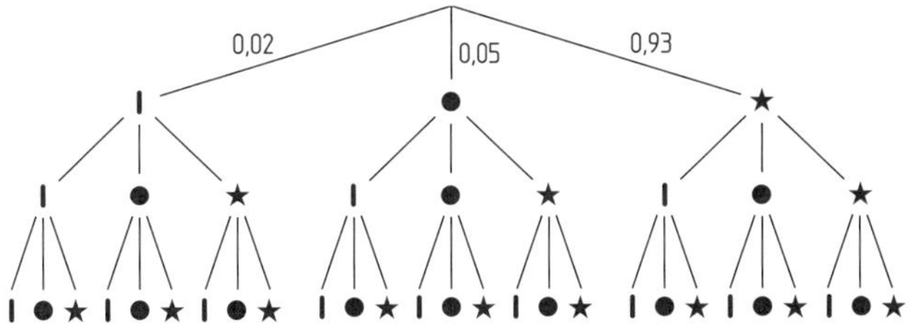

1×A

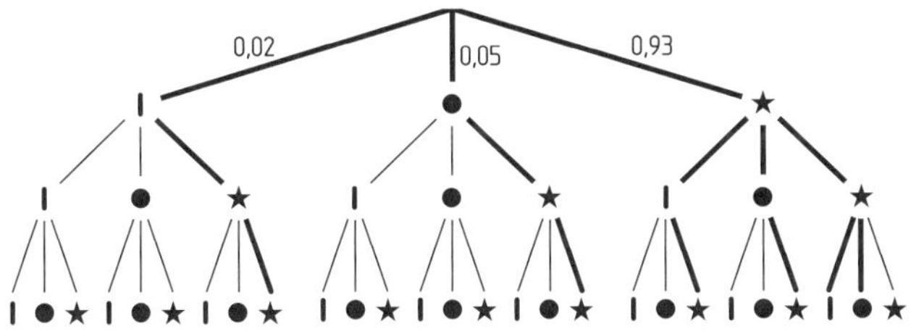

1×C

6 mögliche Pfade sind markiert

b) Beim ersten Zug sind 7 % unbrauchbar, 93 % sind einwandfrei. Da Prozentzahlen für das Eintreten der einzelnen Ereignisse angegeben sind, kann man davon ausgehen, dass im Behälter sehr viele Ringe sind, so dass die Wahrscheinlichkeiten für die 2 Ziehungsergebnisse „brauchbar" und „unbrauchbar" bei jedem weiteren Zug annähernd gleich bleiben. **1×B**

P(min. 1 unbrauchbar) = 1 – P(0 unbrauchbar) = $1 - 0{,}93^3 = 19{,}56$ %.

Die Wahrscheinlichkeit dass „höchstens 1 Ring einwandfrei" ist, bedeutet das Ereignis, dass 3 oder genau 2 unbrauchbar sind. **1×D**

Bei „mindestens 1 Ring unbrauchbar" liegt die Wahrscheinlichkeit vor, dass 1 oder 2 oder 3 Ringe unbrauchbar sind. Daher sind die beiden Wahrscheinlichkeiten nicht gleich.

c) 3 unterschiedliche Ziehungsreihenfolgen (gerissen, gerissen, undicht) oder (gerissen, undicht, gerissen) oder (undicht, gerissen, gerissen) sind möglich.

Beim ersten Zug einen gerissenen Ring zu ziehen beträgt 2 %, einen undichten Ring zu ziehen 5 %. **1×A**

Da Prozentzahlen für das Eintreten der einzelnen Ereignisse angegeben sind, kann man davon ausgehen, dass im Behälter sehr viele Ringe sind, so dass die Wahrscheinlichkeiten für die Ziehungsergebnisse „gerissen" und „undicht" bei jedem weiteren Zug annähernd gleich bleiben.

In diesem Falle gilt:

P(2 gerissen und 1 undicht) = $0{,}02^2 \cdot 0{,}05 \cdot 3$

7.B2 ***a)*** Fehlerfrei an M_1 sind 98 %, an M_2 97 % und an M_3 96 %. **1×A**

P(1 fehlerfrei) = $0{,}5 \cdot 0{,}98 + 0{,}2 \cdot 0{,}97 + 0{,}3 \cdot 0{,}96 = 97{,}2$ % **1×B**

b) P(min. 2 fehlerfrei) = P(2 + und 1 –) + P(3 +)

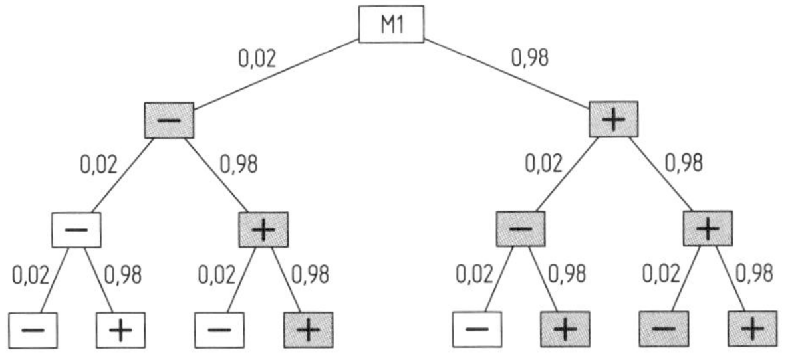

1×A
1×C

c) $P(\text{hö. 1 fehlerhafter}) = P(\text{kein fehlerhafter}) + P(\text{1 fehlerhafter})$
Für 1 fehlerhafter gibt es 4 verschiedene Anordnungen (Pfade): +++–; ++–+; +–++; –+++
$P(\text{hö. 1 fehlerhafter}) = 0{,}97^4 + 4 \cdot 0{,}97^3 \cdot 0{,}03$ **1×A**

7.B3 **a)** $P(\text{R und S}) = 0{,}95 \cdot 0{,}88 = 83{,}6\ \%$ **1×A**
Dass beide Teile der Anlage funktionieren, trifft mit 83,6 % Wahrscheinlichkeit zu. **1×B**

b) $P(\text{mindestens 1}) = 1 - P(0) = 1 - 0{,}05 \cdot 0{,}12$ **1×A**
Die Wahrscheinlichkeit, dass mindestens 1 Teil der Anlage funktioniert, bedeutet, dass entweder R allein und S nicht, oder S allein und R nicht oder beide funktionieren. Diese Wahrscheinlichkeit ist daher wesentlich größer, als jene, wo nur R allein funktioniert und S nicht. **1×D**

c) $P(\text{nur S}) = 0{,}05 \cdot 0{,}88 = 4{,}4\ \%$. **1×A, 1×B**

7.B4 **a)**

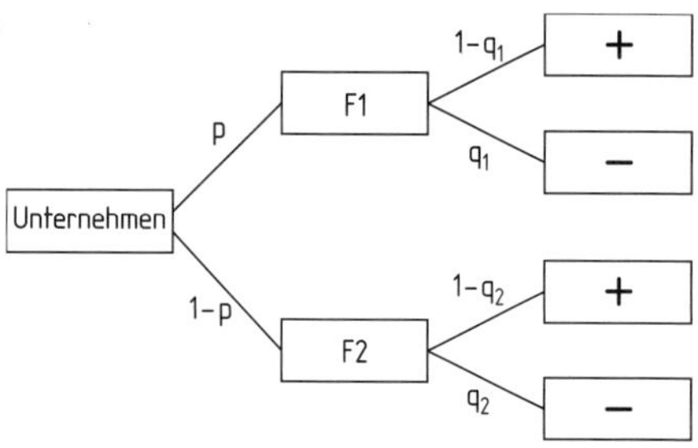

F_1 ... Firma 1, F_2 ... Firma 2
+ ... ohne Fehler, – ... Ausschuss

1×A

b) $P(\text{Ausschuss gesamt}) = p \cdot q_1 + (1 - p) \cdot q_2$ **1×A**

c) $P(F_1 \text{ und } +) = 0{,}65 \cdot 0{,}95 = 61{,}75\ \%$ aus Fabrik 1 und ohne Fehler. **1×B**
Die Wahrscheinlichkeit, dass ein zufällig ausgewählter Monitor aus der 2. Firma und ohne Fehler ist, ist geringer, weil dort weniger produziert wird, die Ausschussquote aber höher liegt. **1×D**

7.B5 **a)** **1×A**

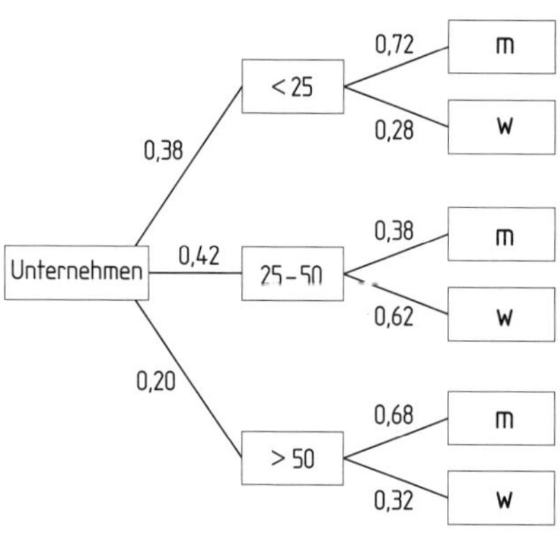

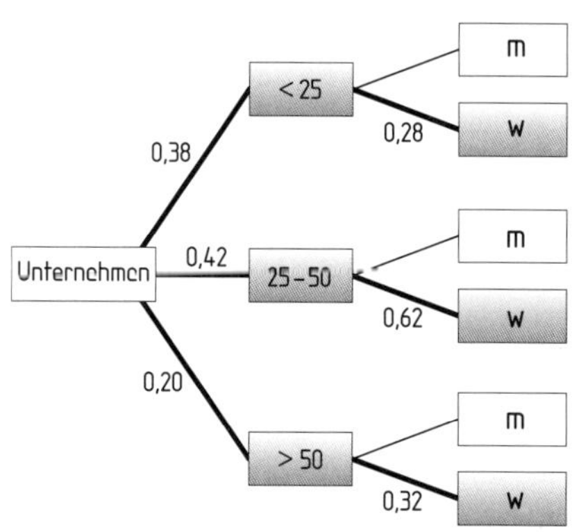

1×C

b) $P(X < 25 \text{ und m}) = 0{,}38 \cdot 0{,}72 = 27{,}36\ \%$ **1×B**
Die Wahrscheinlichkeit, dass eine zufällig ausgewählte Person jünger als 25 Jahre alt und weiblich ist, ist geringer, weil der Anteil der Frauen in dieser Alterklasse sehr viel kleiner ist als jener der Männer. **1×D**

c) $P(X > 50 \text{ und m})$ oder $P(X = 25 - 50 \text{ und m}) = 0{,}2 \cdot 0{,}68 + 0{,}42 \cdot 0{,}38$ **1×A**

7.B6 ***a)*** Der Fragenkatalog enthält sehr viele Fragen, daher kann angemommen werden, dass bei nur 3 ausgewählten Fragen die Wahrscheinlichkeit *p* der richtig beantworteten Fragen von Frage zu Frage näherungsweise gleich groß bleibt. **1×A**

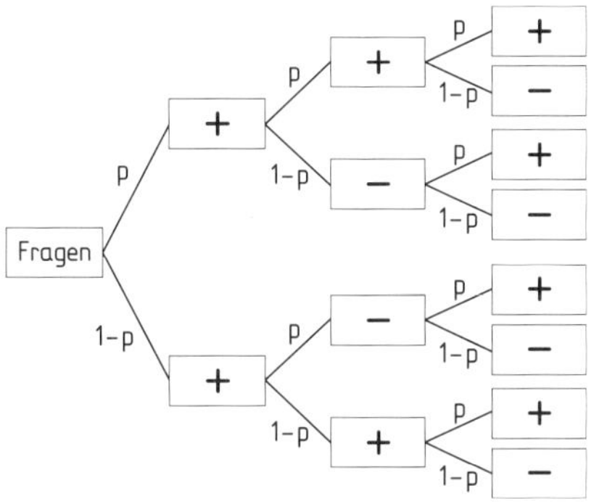

b) $P((2+, 1-) \text{ oder } (3+)) = 3 \cdot 0{,}2^2 \cdot 0{,}8 + 0{,}2^3 = 10{,}4\ \%$ **1×A**
Katharina kann die Prüfung mit ca. 10,4 % Wahrscheinlichkeit trotzdem bestehen. **1×B**
Ferdinand hat mehr als die 4-fache Wahrscheinlichkeit als Katharina, die Prüfung zu bestehen. Wenn Katharina 10 % Chancen hat, dann stehen die Chancen für Ferdinand bei ca. 90 %. **1×D**

7.B Test ***a)*** A ist richtig. **1×C**
Nur 4 der Zahlen 1 bis 9 sind gerade (2, 4, 6, 8). $\Rightarrow$ $P(X) = \frac{4}{9}$ **1×D**

b) A ist richtig. **1×C**
Die Wahrscheinlichkeiten sind $0{,}5^3$; $3 \cdot 0{,}5^3$; $3 \cdot 0{,}5^3$; $0{,}5^3$. **1×D**

c) B ist richtig. **1×C**
Es gibt nur einen Ast mit Z, K und Z, der die Bedingung erfüllt. **1×D**

d)

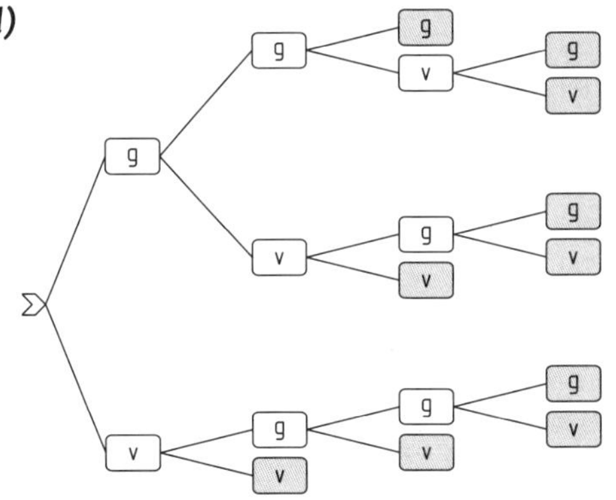

Das Spiel über 4 Runden kann 10 verschiedene Abläufe nehmen (Die Endpunkte jedes möglichen Pfades sind markiert). **1×A** **1×C**

e) 1 ist Gegenereignis zu D, beide zusammen ergeben 100 % Wahrscheinlichkeit: **2×C**
„mehr als 2 Sechser“ = 3, 4, 5, 6, 7 Sechser; „maximal 2 Sechser“ = 0, 1, 2 Sechser **2×D**
2 ist Gegenereignis zu B, beide zusammen ergeben 100 % Wahrscheinlichkeit:
„höchstens 3 Sechser“ = 0, 1, 2, 3 Sechser; „mindestens 4 Sechser“ = 4, 5, 6, 7 Sechser

7.C1 ***a)*** Durchmesser in mm.

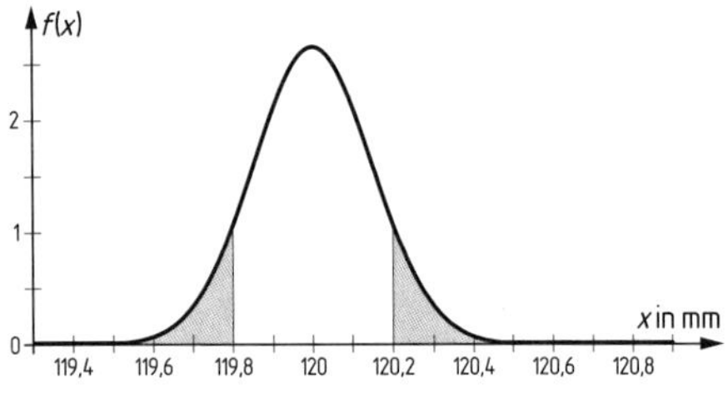

Schätzen: 1-σ-Umgebung: ca. 68,3 % **1×B**
[119,85; 120,15] **1×C**
2-σ-Umgebung: ca. 95,5 % [119,7; 120,3]
Toleranz 0,2 heißt: [119,8; 120,2] das liegt zwischen σ- und 2σ-Umgebung, näher bei 1-σ. Schätzung 80 %. Das bedeutet, dass ca. 10 % kleiner als der tolerierte Durchmesser sind und ca. 10 % größer als der tolerierte Durchmesser.
(Schätzungsfehler bis zu ± 5 % akzeptiert) **1×B**

$1 - P(119{,}8 \leq X \leq 120{,}2) = 0{,}0015$
Berechnung mithilfe von Technologieeinsatz, exemplarisch Geogebra CAS:
$\sigma = 0{,}063$ mm

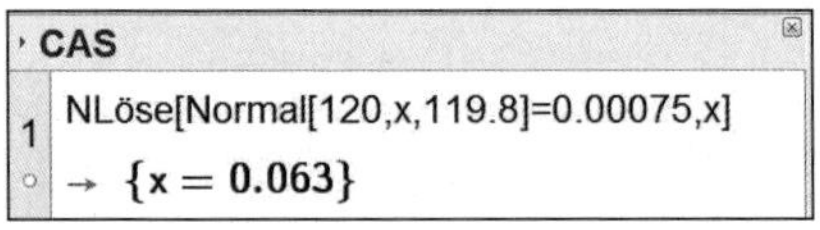

1×A
1×B

b)

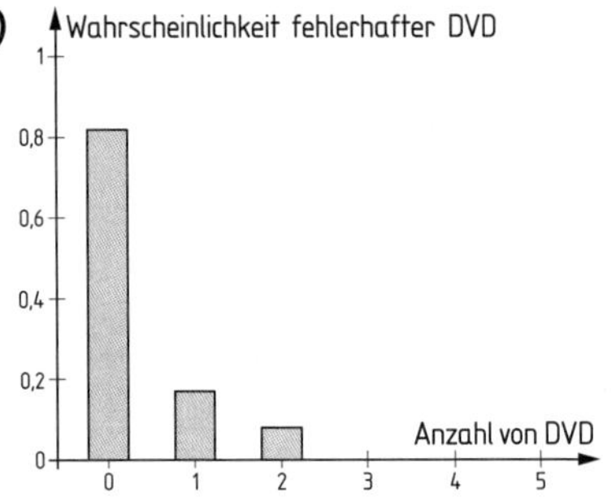

$P(\text{keine fehlerhafte}) = P(0) \approx 82\ \%$ **1×A**
$P(\text{1 fehlerhafte}) = P(1) \approx 17\ \%$ **1×C**
$P(\text{2 fehlerhafte}) = P(2) \approx 0{,}08\ \%$
alle übrigen sind praktisch null.

$P(X > 1) = 1 - P(0) - P(1) =$
$1 - 0{,}98^{10} - 0{,}98^{9} \cdot 0{,}02 \cdot 10 = 1{,}6\ \%$ **1×A**
1×B

7.C2 ***a)*** Es liegen 2 unvereinbare Ereignisse vor: richtig oder falsch **1×D**
Die Wahrscheinlichkeit, eines der beiden Ereignisse zu erhalten, bleibt bei jeder Frage gleich groß, nämlich $\frac{1}{4}$ bzw. $\frac{3}{4}$. Es liegt daher eine Binomialverteilung vor.

b)

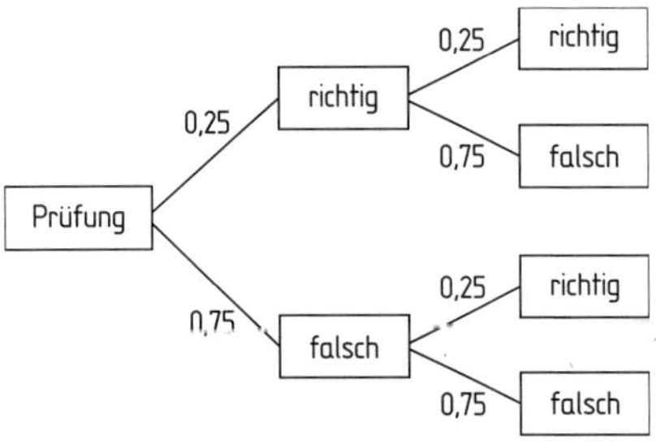

Die Wahrscheinlichkeit eine richtige Antwort anzukreuzen beträgt $\frac{1}{4}$, eine falsche anzukreuzen $\frac{3}{4}$. **1×C** **1×D**
Dargestellt sind die Entscheidungsmöglichkeiten in den ersten beiden Fragen.

c) $\mu = 30 \cdot \frac{1}{4} = 7{,}5;\quad \sigma = 2{,}371...$ **1×B**

d) $P(X \geq 15) = 1 - P(X < 15) = 0{,}002749...$ **1×A**
Die Wahrscheinlichkeit durch zufälliges Ankreuzen die Prüfung zu bestehen, beträgt ca. 0,3 %. **1×B**

7.C3 ***a)*** Bei der Abfüllmenge handelt es sich um ein stetiges Merkmal. Die Fehler, die gegenüber dem Erwartungswert des Packungsinhalts auftreten, streuen nach Art einer Glocke. Man wird immer weniger Packungen finden, je größer die Differenz zum Erwartungswert des Inhalts wird.

$P(X < 0,5) = 6,68\,\%$ **1×D**

(Berechnung mithilfe von Technologieeinsatz) **1×B**

b) 68 % kennzeichnen näherungsweise die 1-σ Umgebung des Erwartungswerts.
Erwartungswert: 0,53; 1σ Intervall [0,51; 0,55]

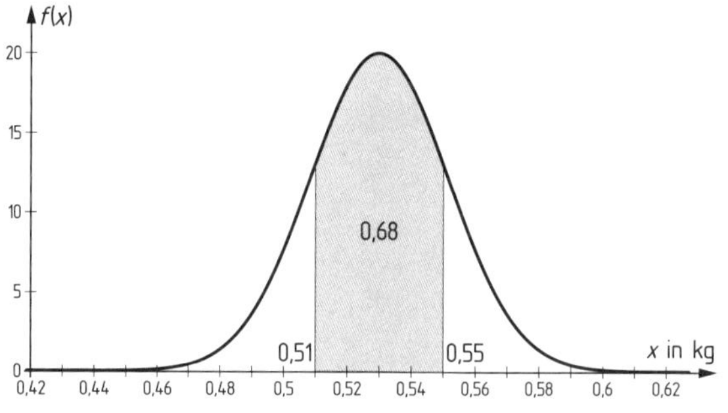

1×C

1×D

c) $\Phi\left(\frac{0,5-\mu}{0,02}\right) = 0,03$ bzw. $\frac{0,5-\mu}{0,02} = \Phi^{-1}(0,03)$, daraus kann μ berechnet werden. **1×A**

d) $P(X < 0,47) = 0,03$ **1×A**

$\frac{(-0,06)}{x} = -1,88...;\ \sigma = 0,0319...\text{ kg}$ **1×B**

7C.4 ***a)*** Gewinn: $p = \frac{1}{8}$ **1×A**

$P(X = 1) = 3 \cdot \left(\frac{1}{8}\right) \cdot \left(\frac{7}{8}\right)^2 = 28,71\,\%$ **1×B**

b) Die Formel gibt die Wahrscheinlichkeit an, dass man bei 5-maligem Drehen des Rads mindestens 2-mal die Gewinnzone erhält. **1×C**

c) $P(X \geqslant 2) = P(2) + P(3) = 0,043...$
$P(X \leqslant 1) = P(0) + P(1) = 0,957$
$E(\text{Gewinn}) = 0,043 \cdot 20 - 0,957 \cdot 6 = -4,88$ €
Es ist unwahrscheinlich, dass man mit dieser Spielregel am Glücksrad auf Dauer einen Geldgewinn erwarten kann. **1×A** **1×B**

7.C Test ***a)*** D ist richtig. **1×C**

$P(X = 20) = \binom{53}{20} \cdot 0,26^{20} \cdot 0,74^{33} = 0,0195...$ **1×B**

b) B ist richtig. **1×C**
Es gilt die Pfadregel für die UND-Wahrscheinlichkeit: $p \cdot p = p^2$ **1×D**

c) B ist richtig. **1×C**
Transformationsformel für $N(\mu, \sigma)$ in die Standardnormalverteilung mit $\mu = 0$ und $\sigma = 1$. **1×D**

d) C ist richtig.
Die Normalverteilung ist für einen Einzelwert null, weil durch einen Einzelwert keine Fläche definiert ist. **1×C** **1×D**

e) D ist richtig.

$z = \frac{2{,}5 - 3}{0{,}5} = -1$, $\Phi(-1)$ ergibt die Fläche bis 2,5; **1×C**

von 1 abgezogen erhält man die Größe der markierten Fläche. **1×D**

f) **3×A**

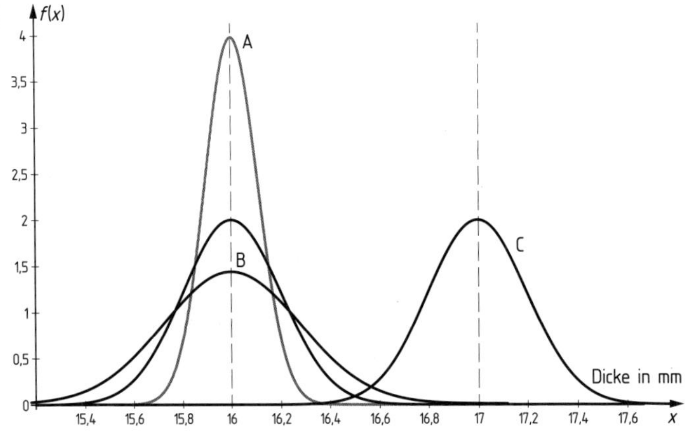

Kriterien für die Richtigkeit:

A: Kurve mit gleichem Erwartungswert ($x = 16$), aber schmäler und höher

B: Kurve mit gleichem Erwartungswert ($x = 16$), aber breiter und niedriger

C: Ausgangskurve nach rechts ($x = 17$) verschoben

g) E ist richtig. **1×A**

$P(11 \leqslant X \leqslant 13) = 0{,}95$; dh. $P(X \leqslant 11) = 0{,}025 \Rightarrow \frac{11 - 12}{\sigma} = -1{,}95999 \Rightarrow \sigma = 0{,}51$ **1×B**

liegt zwischen 0,3 und 0,7 cm. **1×C**

Man könne auch nur argumentieren (1×D) und nicht rechnen:

95 % beträgt ungefähr die 2σ-Umgebung, hier ±1 cm, also ist σ ungefähr 0,5 cm, jedenfalls zwischen 0,3 und 0,7 cm.

Lösung der Aufgabe zur mündlichen Reifeprüfung

a) 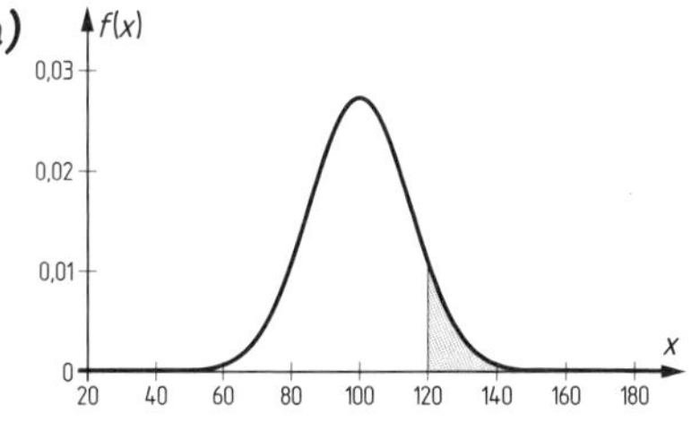

Schätzen: $\sigma = 15$ **1×B**

120 liegt in der 2σ Umgebung vom Erwartungswert 100, also etwas unter 95 %. **1×C**

Die Wahrscheinlichhkeit könnte daher 1 – 0,90 sein, also ca. 10 %.

1×D

b) 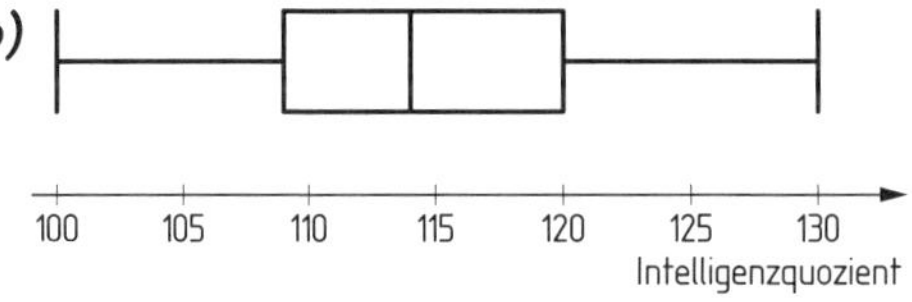

Die Verteilung ist fast symmetrisch, ganz leicht gegen die niedrigeren Werte verschoben. 25 % haben einen IQ von höchstens 109, 50 % liegen mit dem IQ zwischen 109 und 120, 25 % liegen über 120. Keine einzige Maturantin hat einen unterdurchschnittlichen IQ (unter 100). **1×B** **1×C**

c) 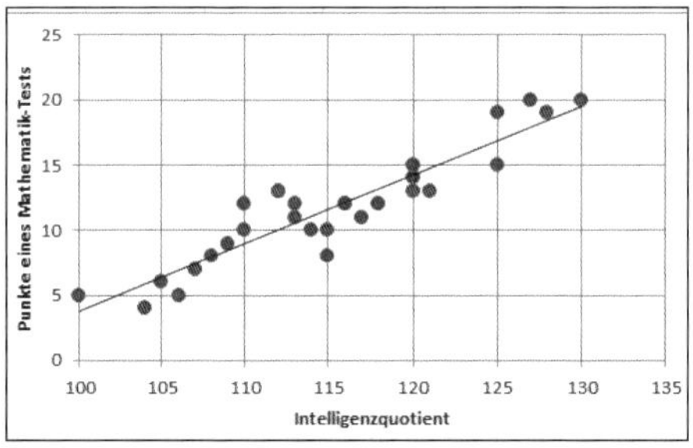

Unterschiedliche Lösungen!

Ablesen der Geraden mithilfe von 2 Punkten: **1×C**

zB $(108|8)$ und $(120|14)$ **3×B**

$\Delta y = 6$; $\Delta x = 12 \Rightarrow k = 0{,}5$

$y = 0{,}5x + d \Rightarrow d = 14 - 60 = -46$ **1×D**

g: $y = 0{,}5x - 46$

Schätzen: Korrelationskoeffizient bei ca. 0,8 bis 0,9, nahe bei +1. Der Korrelationskoeffizient bestätigt eine relativ gute Übereinstimmung zwischen den beiden Merkmalen. Der Zusammenhang zeigt einen positiv ansteigenden Trend: Je größer der IQ, desto besser ist das Abschneiden im Mathematiktest.

d) Es müssen die Messdaten bekannt sein. **1×D**

Man berechnet die relativen Häufigkeiten in Klassen.

Die relativen Häufigkeiten werden mit 100 multipliziert.

So erhält man die Prozentangaben, die man in einem Kreisdiagramm darstellen kann.

MATURA training.at

Fit für die Matura?

Die Maturatrainingsbücher von hpt bereiten dich bestmöglich auf die neue Reifeprüfung vor!

Das Maturatraining von hpt:

- führt dich Schritt für Schritt zum Erfolg
- bietet dir ein optimales Training
- unterstützt dich bei deiner Vorbereitung
- gibt Tipps und Hilfestellungen

Englisch

112 Seiten
€ 22,70

Going for Finals B2 BHS
Übungsbuch + 2 CDs

bietet lehrbuchunabhängige Übungsmaterialien, welche den GERS-Niveaus B2-, B2 und B2+ entsprechen (Einleitung mit Erklärungen und Schreibtipps, Listening Comprehension, Reading Comprehension, Writing).

ISBN 978-3-230-03968-2 SB-NR. 170022

Die Bücher eignen sich als Zusatzbücher für alle Lehrbuchreihen!

Deutsch

104 Seiten
€ 10,87

KOMPETENZ:*DEUTSCH.*
Trainingsteil für die neue RDP

bietet zusätzliches Übungsmaterial entsprechend dem neuen Format zur optimalen Vorbereitung auf die neue RDP/RP.

ISBN 978-3-230-03962-0 SB-NR. 165788

Hol' dir die Maturatrainingsbücher von hpt!

ONLINE
www.hpt.at
www.maturatraining.at
service@hpt.at

TELEFONISCH
Bestell-Hotline: 01 403 77 77-70
(Montag bis Donnerstag, jeweils von 7:30 bis 16:00 Uhr
Freitag, 7:30 bis 14:00 Uhr)

Verlag Hölder-Pichler-Tempsky GmbH | Frankgasse 4 | 1090 Wien

Druckfehler und Preisänderungen vorbehalten.